ttgürtel

Tauchblattgürtel

Wasserläufer

Weiße Seerose

Wasserknöterich

Haubentaucher

Weiden

Blässralle

Stockente

Gelbe Teichrose

Wasserlinsen

Karpfen

Muschel

Kanadische Wasserpest

Grünalgen

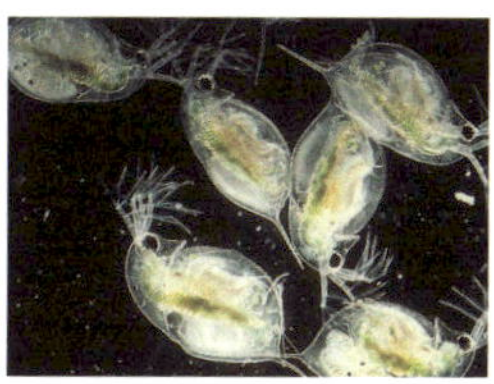

Wasserflöhe

Hecht

Hüpferling

Unter der Wasseroberfläche bilden die Pflanzen im Tauchblattgürtel einen dichten Bestand, der vielen Tieren Unterschlupf und Nahrung bietet.

Auf den Seegrund fällt so wenig Licht, dass Pflanzen dort nicht mehr wachsen können. Die Freiwasserzone ist frei von Pflanzen, sie ist das Reich der schnellen Schwimmer.

TIERE

BESTIMMUNGSBUCH

STREIFZÜGE DURCH DORF UND STADT

VON
MANFRED BERGAU
HORST MÜLLER
WILFRIED PROBST
BURKHARD SCHÄFER

ERNST KLETT VERLAG
STUTTGART • DÜSSELDORF • LEIPZIG

1. Auflage

1 6 5 4 3 2 | 2013 2012 2011 2010 2009

Alle Drucke dieser Auflage können im Unterricht nebeneinander benutzt werden, sie sind untereinander unverändert. Die letzte Zahl bezeichnet das Jahr dieses Druckes.

Internetadresse:
http://www.klett.de

Redaktion: Rita Boemer
Herstellung: LES'ART, Kernen i. R.

Repro: Meyle + Müller, Pforzheim
Druck: Firmengruppe APPL,
aprinta druck, Wemding

ISBN 3-12-125550-9

Autoren
Manfred Bergau, Rektor der Haupt- und Realschule Bohmte
Prof. Dr. Horst Müller, Westfälische Wilhelms-Universität Münster
Prof. Dr. Wilfried Probst, Universität Flensburg
Burkhard Schäfer, Rektor der Haupt- und Realschule Friedeburg

Beratung
Dr. Karl Kuhn, Rheinfelden
Prof. Dr. Herbert Zucchi, Fachhochschule Osnabrück

Grafiken
Klaus Joas, Remshalden
Matthias Balonier, Lützelbach,
Hans-Christian Rost, Stuttgart

Einbandgestaltung
Conrad Höllerer, Stuttgart

Bildnachweis
Siehe Seite 208

9 783121 255504

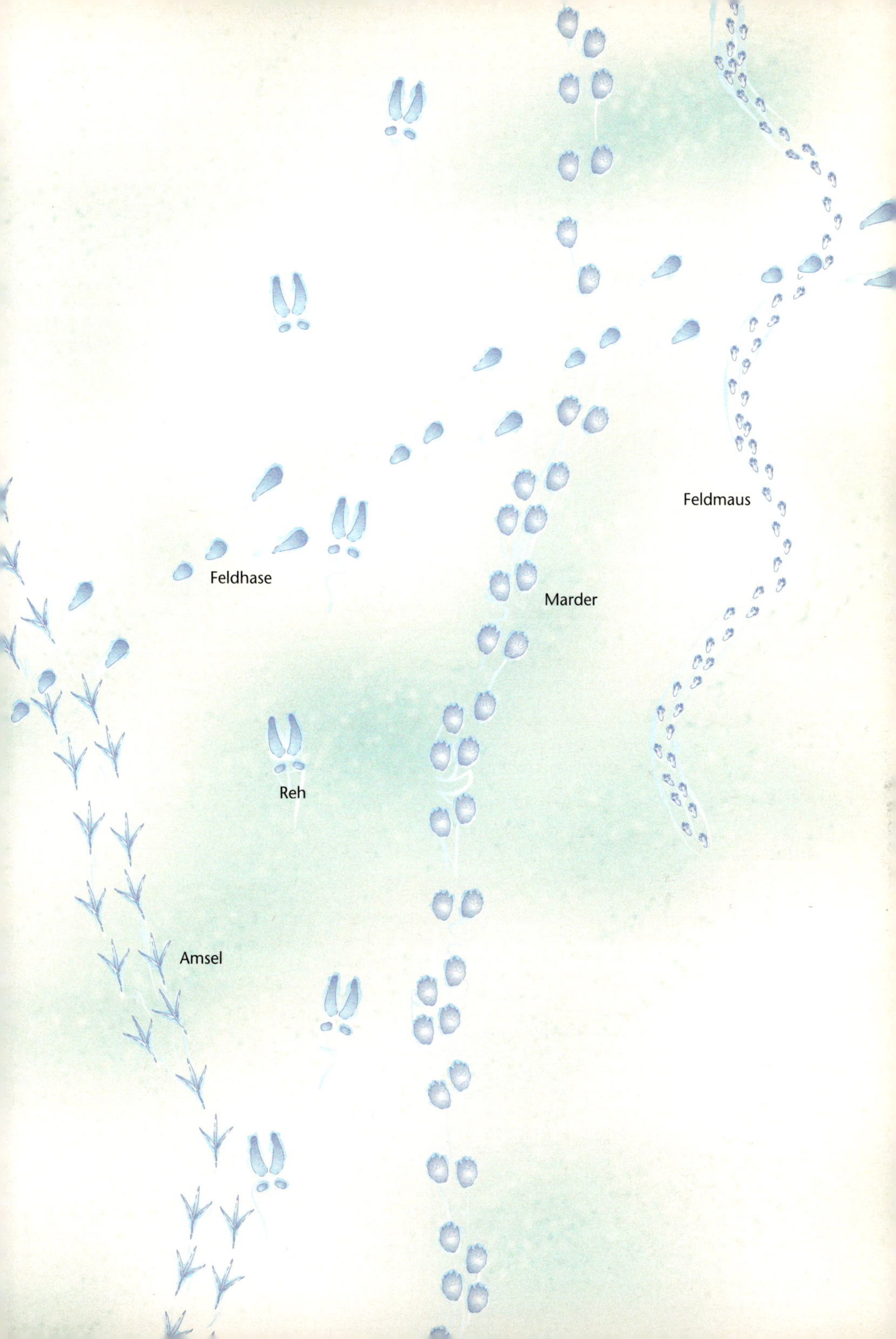
Feldmaus
Feldhase
Marder
Reh
Amsel

Vögel

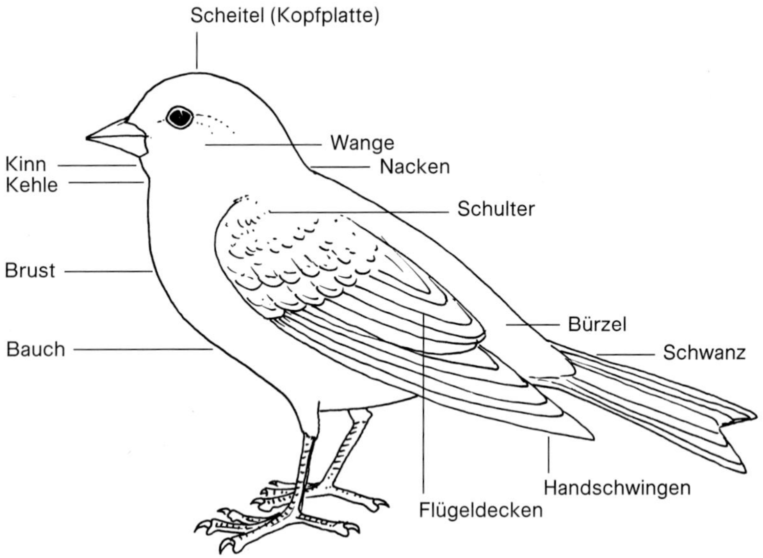

Fische

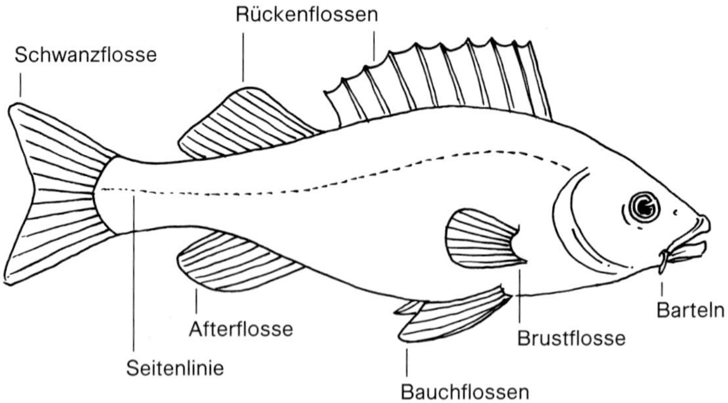

Schnecken

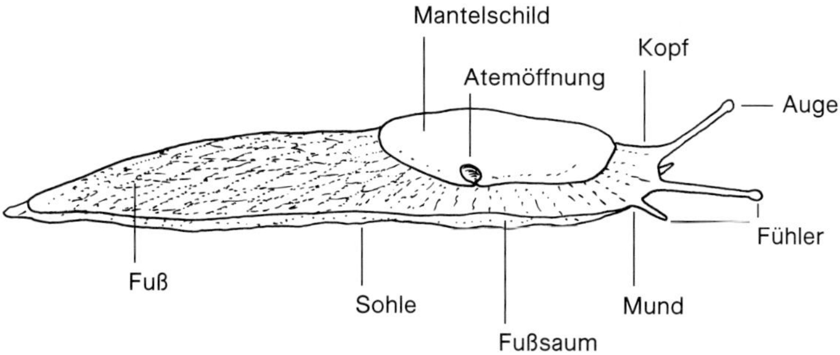

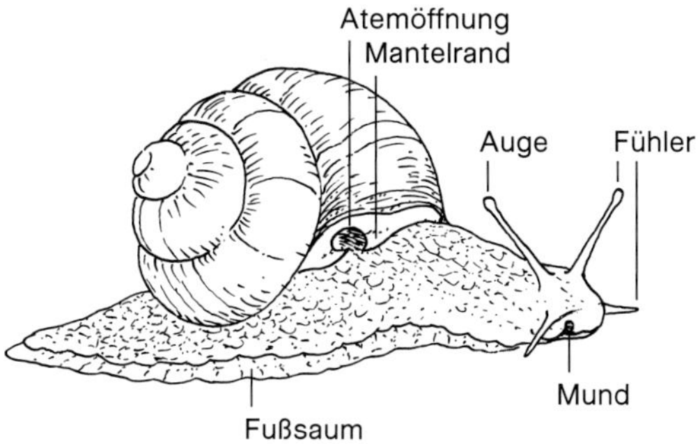

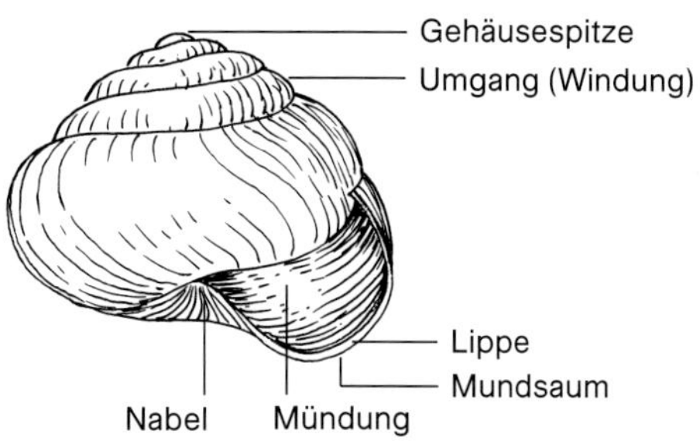

Gehäuse rechts gewunden
(Mündung rechts)

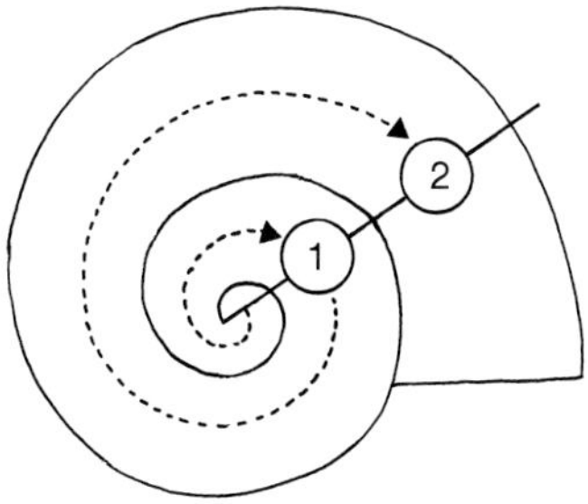

Zählung der Umgänge

Gehäuse links gewunden
(Mündung links)

Muscheln

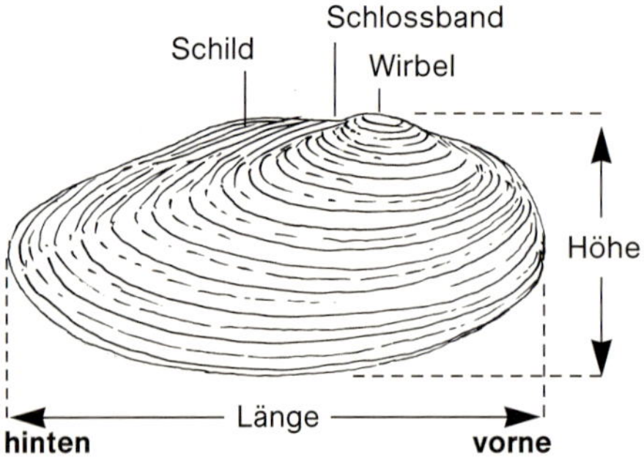

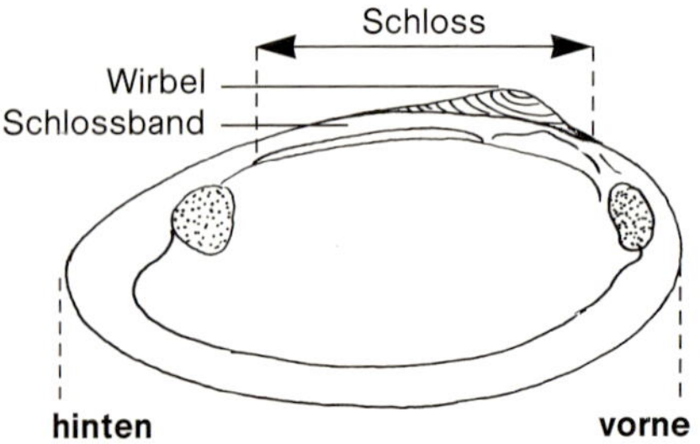

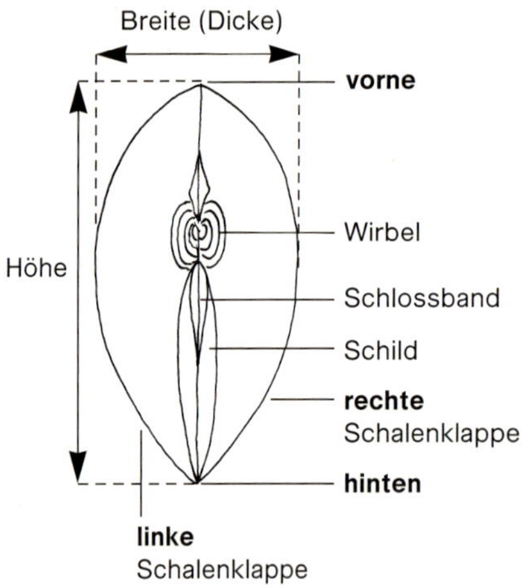

Spinnen

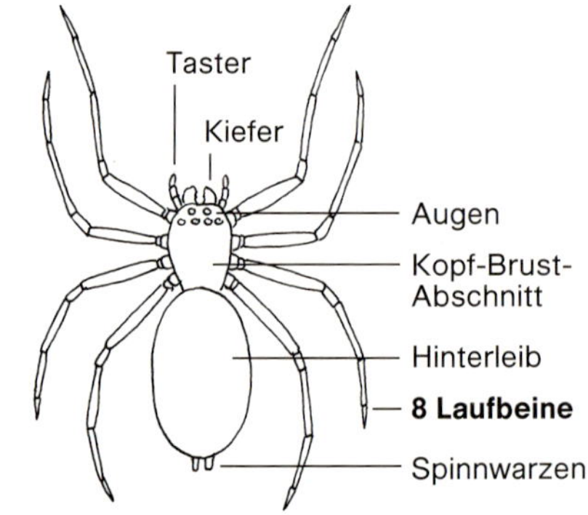

Insekten

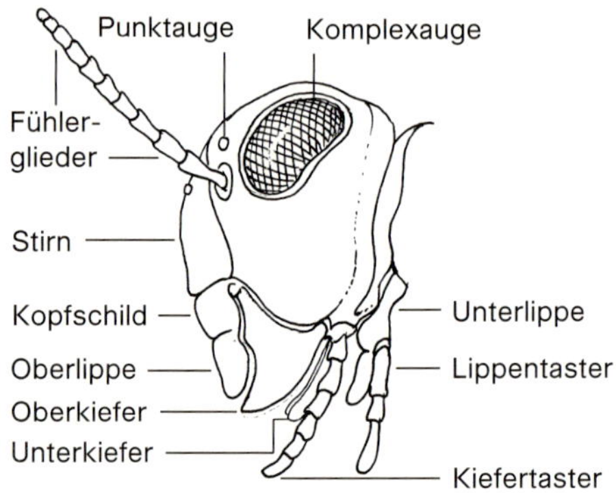

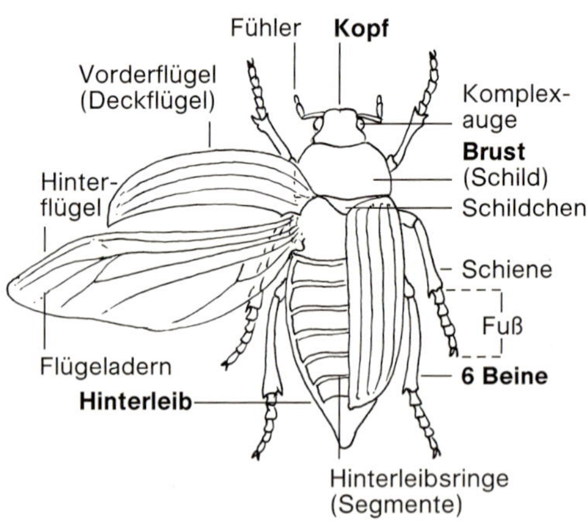

Fam.	Familie
Ord.	Ordnung
U. Ord.	Unterordnung
Kl.	Klasse
U. Kl.	Unterklasse
Sta.	Stamm
L	Länge bis (ausgewachsenes Tier); bei Säugetieren: Kopf-Rumpf-Länge; sonst: einschl. Körperanhänge; bei Muscheln: Länge der Schale
Ø	Gehäusedurchmesser (Schnecken)
B	Breite der Schale (Muscheln)
H	Höhe von Gehäuse bzw. Schale
M	Masse bis (ausgewachsenes Tier)
Jan. — Dez.	Zeitraum, in dem das Tier zu beobachten ist
	geschützt nach Bundesartenschutzverordnung; so gekennzeichnete Tiere dürfen nicht beunruhigt oder aus ihrem Lebensraum entnommen werden. Die Naturschutzgesetze der einzelnen Bundesländer können zusätzlich weitere Arten unter Schutz stellen.
△	Es gibt eine oder mehrere sehr ähnliche Arten, die nicht im Buch abgebildet oder beschrieben sind, oder die nur Fachleute eindeutig bestimmen können.
♂	männlich/Männchen
♀	weiblich/Weibchen
Öko	Ökologie; Angaben zu Lebensraum, Nahrung, Fortpflanzung, Räuber-Beute-Beziehungen usw.
D	Destruent (Zersetzer); ernährt sich überwiegend von Resten toter Lebewesen
K1	Konsument 1. Ordnung; überwiegend Pflanzenfresser
K2	Konsument 2. Ordnung; überwiegend „Fleischfresser“ (Hauptnahrung: Konsumenten 1. Ordnung)
K3	Konsument 3. Ordnung; überwiegend „Fleischfresser“ (Hauptnahrung: Konsumenten 2. Ordnung)
K1(P)	Pflanzenparasit
K3(P)	Tierparasit
K1/2	K1 und K2 etwa zu gleichen Teilen
K1;2	Vollinsekt K1; Larve K2
—	Das Tier nimmt keine Nahrung auf.

G1/1	Generationen pro Jahr/Anzahl der Nachkommen aus einem Wurf bzw. Anzahl der Eier pro Gelege
G—/1	Gesamtanzahl der Eier pro Jahr
WA	winteraktiv
WS	Winterschläfer
WR	Winterruher
WSt	fällt in Winterstarre
Ja	Jahresvogel (das ganze Jahr über bei uns)
So	Sommervogel (nur im Sommer bei uns)
Wi	Wintervogel („Wintergast“)
Ja/So	Teilzieher (ein Teil der Population zieht ab)
Ü	Überwinterung
Im	Imago (Vollinsekt)
La	Larve
Gem	*Gemmulae*; Dauerstadien (Schwämme)
Kö.	Königin (fruchtbares Weibchen)
Arb.	Arbeiterin (unfruchtbares Weibchen)
befr. ♀	befruchtetes Weibchen
E	Dauer der Entwicklung vom Ei bis zum ausgewachsenen Tier in Jahren
A	Höchstalter in Jahren

Zusätze:

(Mon.)	Monate
(Wo.)	Wochen
(Tg.)	Tage
J	jagdbares Wild (nach Bundesjagdgesetz)
Ar	Altbürger *(Archaeozoon)*; im Zeitraum zwischen der jüngeren Steinzeit (etwa 6500 v. Chr.) und dem 15. Jahrhundert nach Mitteleuropa eingewandert
Neo	Neubürger *(Neozoon)*; nach dem 15. Jahrhundert (nach der Entdeckung Amerikas) nach Mitteleuropa eingewandert
RL	Rote Liste gefährdeter Tierarten Deutschlands
RL1	vom Aussterben bedroht
RL2	stark gefährdet
RL3	gefährdet
RLV	Vorwarnliste (Bestände nehmen ab)
RLG	potenziell gefährdet

Inhaltsverzeichnis

Arbeiten mit dem Bestimmungsbuch

Mit diesem Buch lassen sich rund 450 Tierarten (bzw. Tiergruppen) bestimmen, die man in Dorf und Stadt häufig beobachten kann.

Ein Beispiel: Es ist Mai, die warme Frühlingssonne verlockt zu einem Spaziergang im Stadtpark. Am Fuß eines der alten Parkbäume herrscht Hochbetrieb. Auffallend rot-schwarz gezeichnete „Krabbeltiere" laufen behende am Stamm auf und ab und drängen sich in Rindenritzen.

Was krabbelt da?

Schritt für Schritt zum Ziel:

1. Zu welcher Tiergruppe gehört das Tier?

→ S. 10 – 15 anschauen; dort sind die verschiedenen Tiergruppen dargestellt.
Klar, das gefundene Tier gehört zu den Wirbellosen, aber:

Käfer oder Wanze?

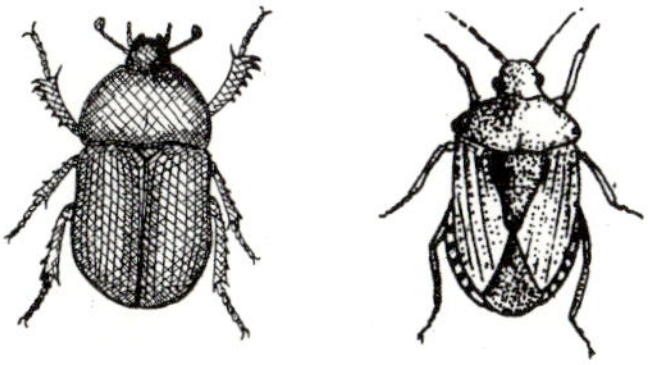

Da muss man schon genauer hinschauen ...

→ Wanzen, s. S. 118

Auf den angegebenen Seiten sind Wanzenarten abgebildet und beschrieben.

2. Lässt sich auch die Art bestimmen?

So sieht die unbekannte Wanze aus:

Der Vergleich mit den Fotos auf den angegebenen Buchseiten führt zum

→ **Ergebnis: 3 Feuerwanze (S. 119)**

3. Richtig bestimmt? Mithilfe der kurzen Beschreibung der Tierart lässt sich das Ergebnis absichern. Besonders knapp ist diese Beschreibung bei Arten mit sehr augenfälligen äußeren Kennzeichen.

3 Feuerwanze

(Pyrrhocoris apertus)	Fam.: Feuerwanzen
|	|
wissenschaftlicher Name der Tierart	Familie, Ordnung oder Unterordnung, zu der das Tier gehört

In einigen Fällen werden im ersten Textabschnitt noch weitere Arten beschrieben, die mit der „Hauptart" leicht verwechselt werden können (s. S. 120: 4 Gewöhnlicher Wasserläufer). Im Abschnitt „Übrigens" ist die Beschreibung einer abgebildeten Tierart immer dann zu finden, wenn es sich um eine verwandte Art handelt, die sich aber deutich von der Hauptart unterscheidet (vgl. S. 122, 1 Feld-Sandlaufkäfer).

Übrigens: Selbstverständlich müssen alle zum Bestimmen eingefangenen Tiere pfleglich behandelt werden. Geschützte und gefährdete Tiere dürfen nicht aus ihrem Lebensraum entnommen werden. Man darf sie betrachten, muss sie dann aber wieder freilassen.

Säugetiere

16

18

20

Vögel

28

30

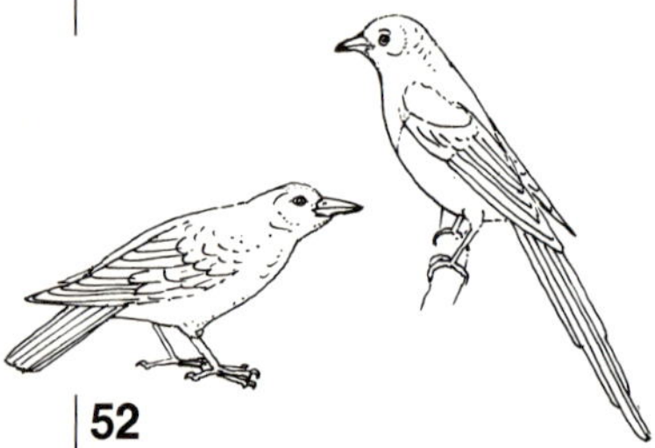

52

54

60

62

Reptilien

70

Amphibien

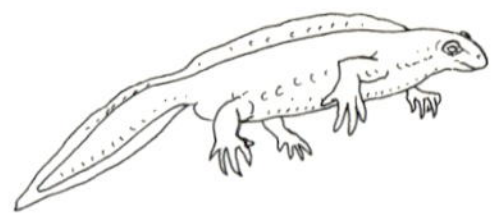

72

22

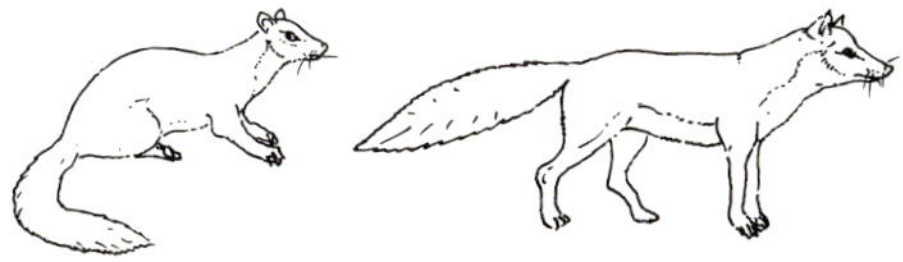

24

26

48

50

56

58

66

68

Fische

76

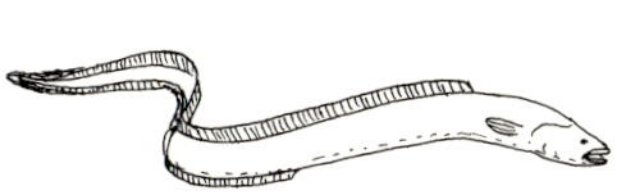

78

Schwämme

80

Polypen

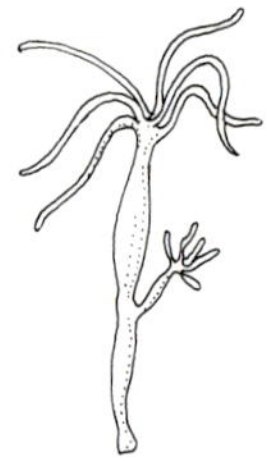

Würmer

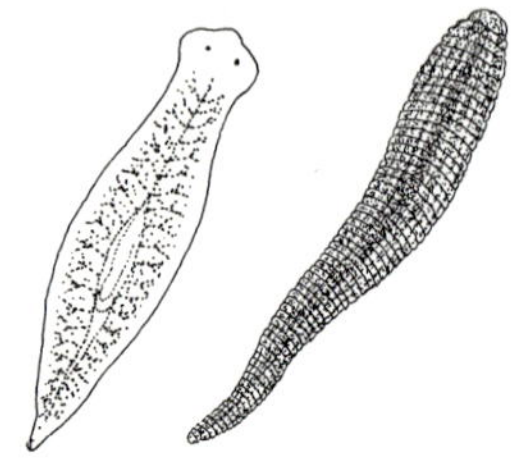

Schnecken

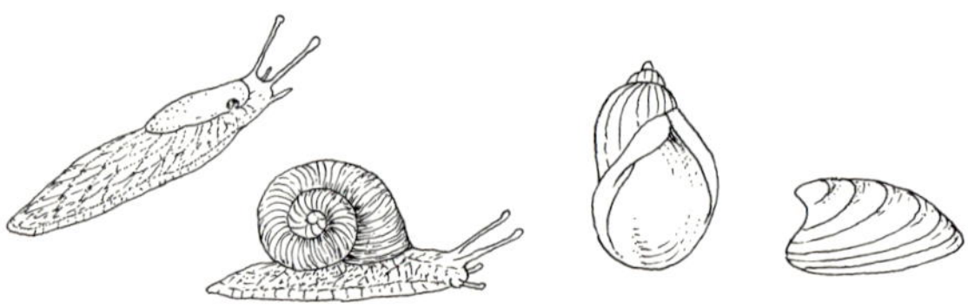

84

Muscheln

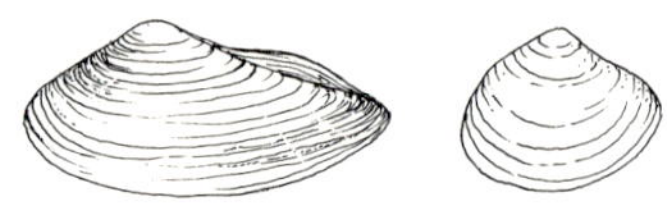

92

Tausendfüßer

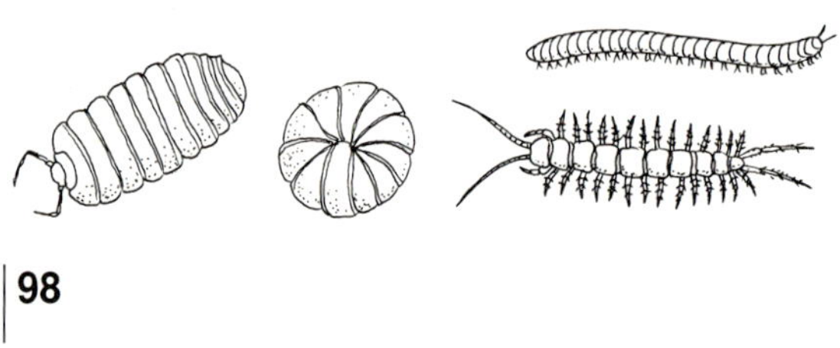

98

Spinnentiere

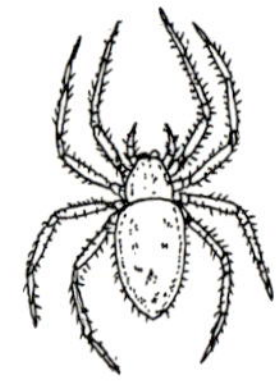

100

104

Tierläuse

110

Flöhe

Pflanzenläuse

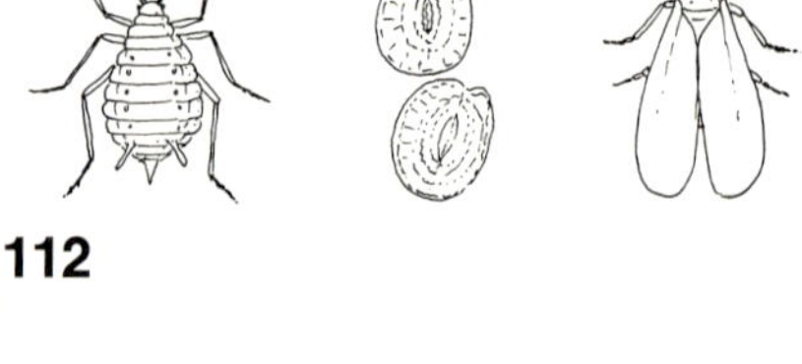

112

Insektenlarven

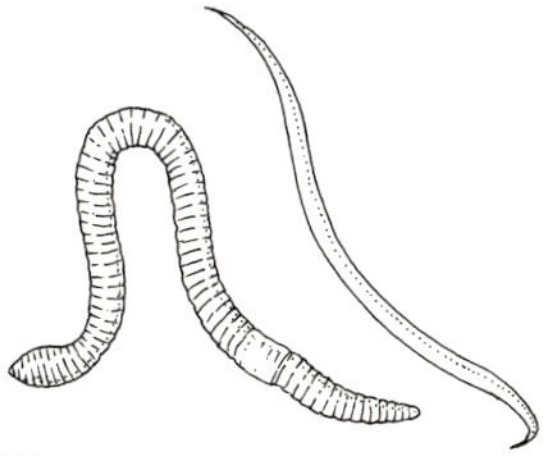

82

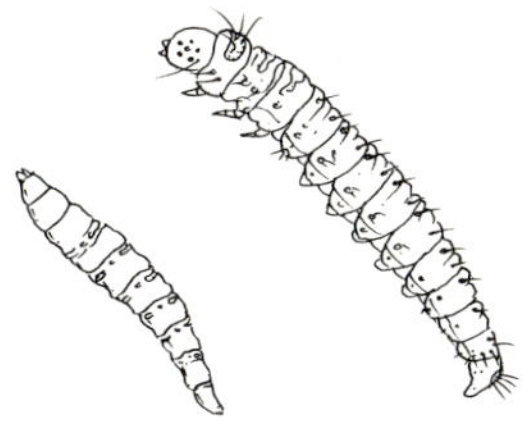

180

Krebstiere

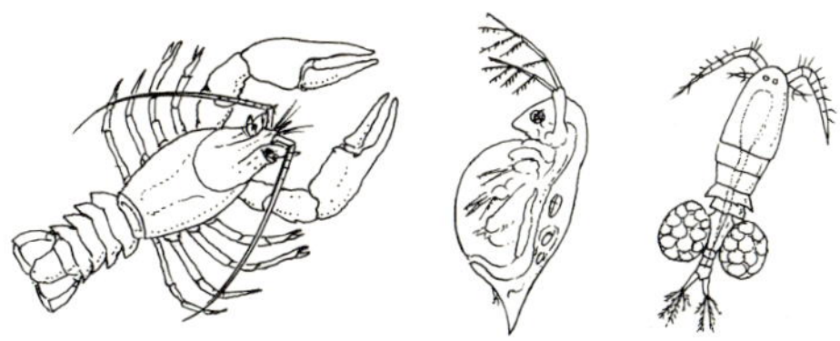

94

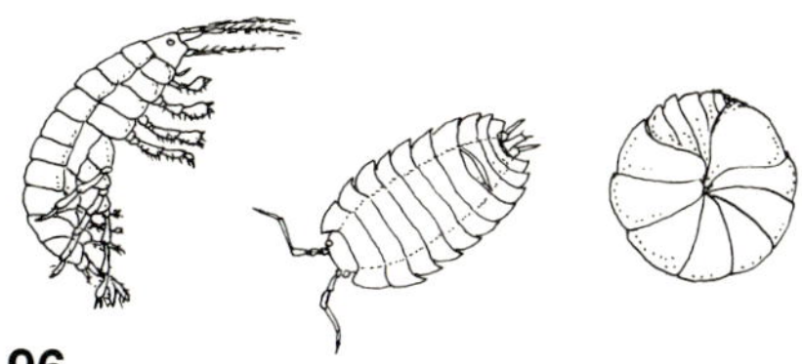

96

Urinsekten, Staubläuse

Fransenflügler

106

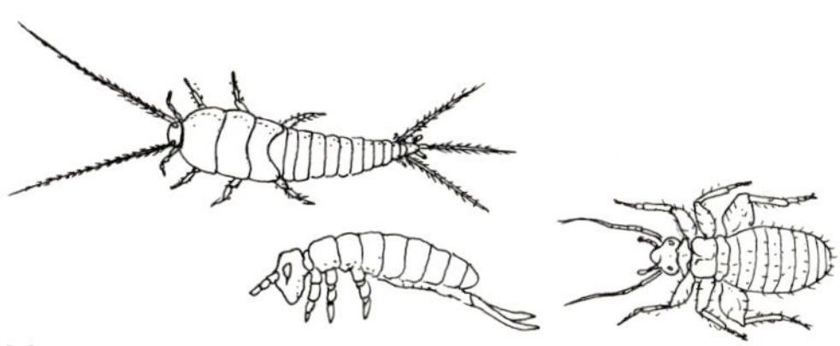

108

Zikaden

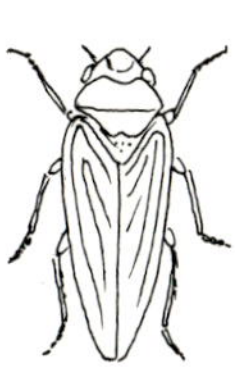

114

Schaben

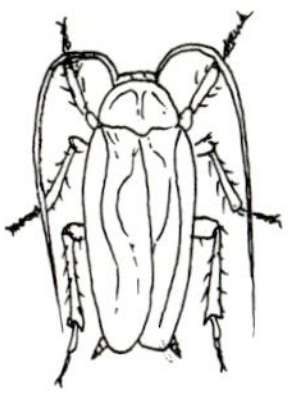

Ohrwürmer

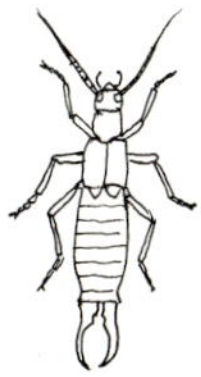

Insektenlarven

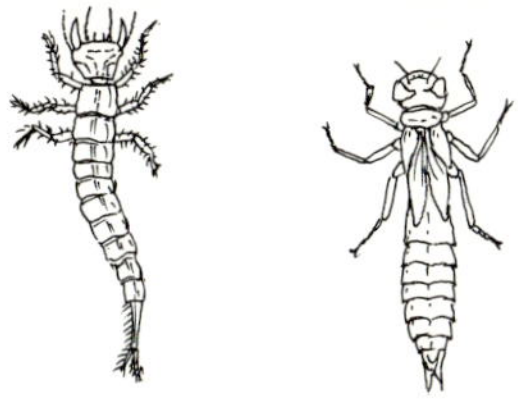

180

Grillen

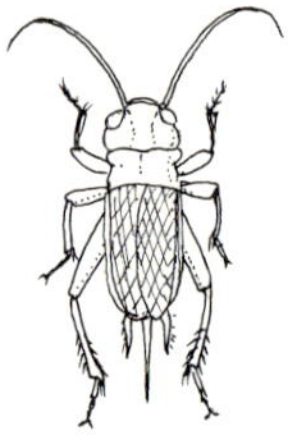

116

Heuschrecken

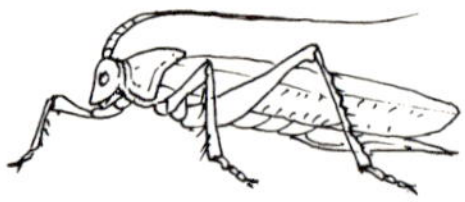

Wanzen

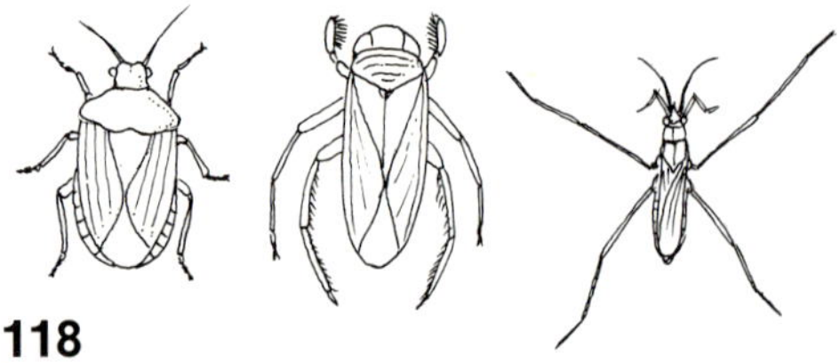

118

Schmetterlinge

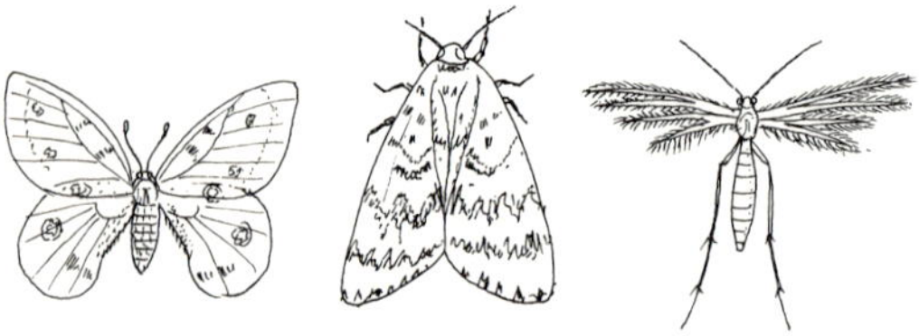

140

148

152

Libellen

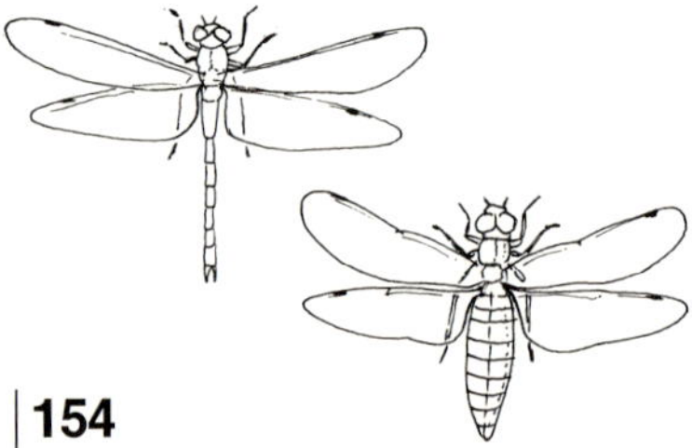

154

Zweiflügler

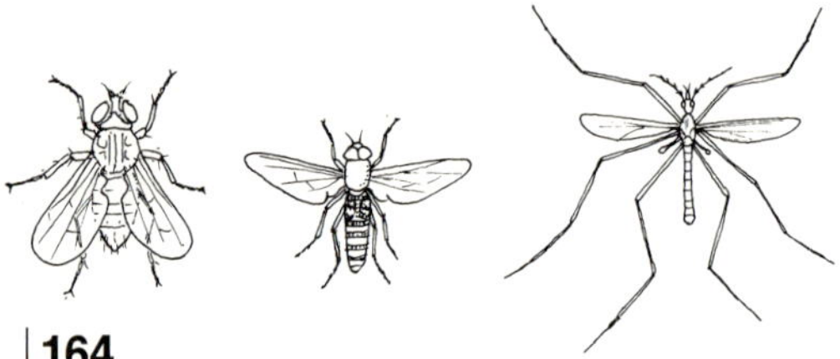

164

Hautflügler

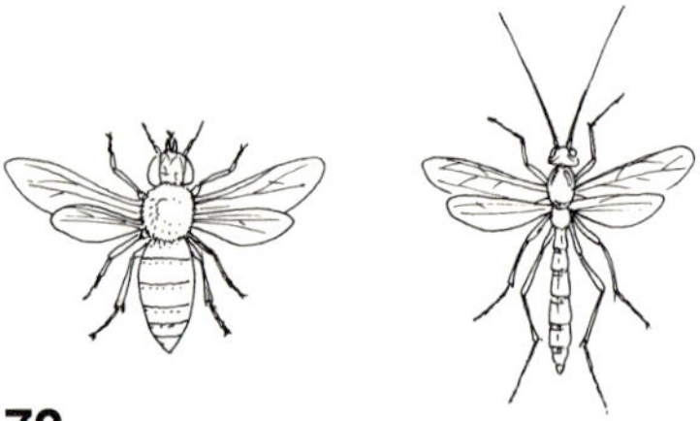

172

Trittsiegel

186

Gewölle, Losung

188

Käfer

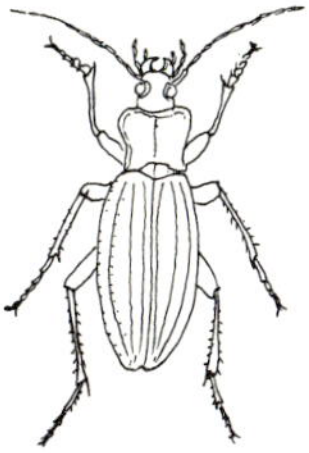 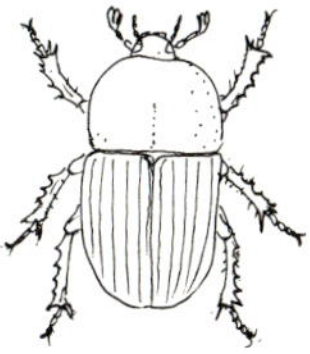 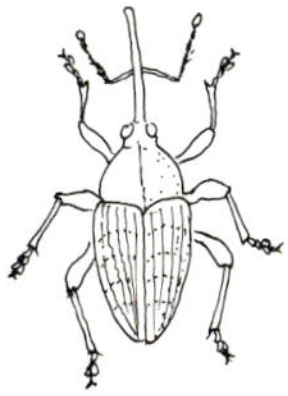 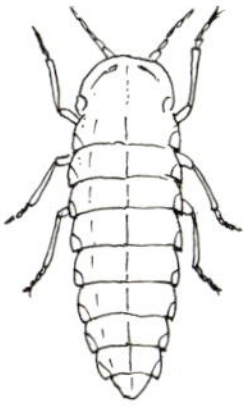

122

132

Eintagsfliegen, Steinfliegen …

 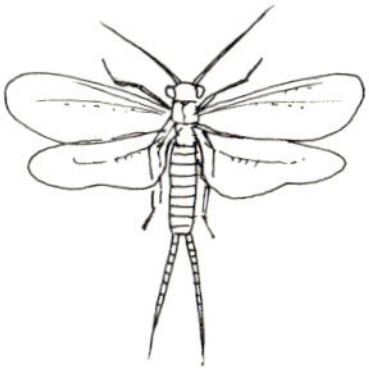

160

Schlammfliegen, Köcherfliegen …

162

Fraßspuren

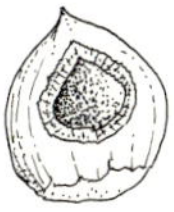  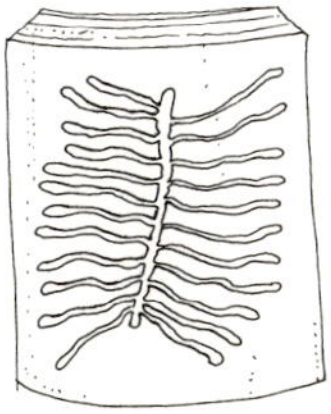

190

Pflanzengallen

 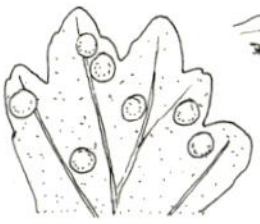 

194

1 Reh

(Capreolus capreolus) Fam.: Hirsche

L 135 cm M 30 kg Jan. – Dez.

Sommerfell rotbraun mit gelblich weißem „Spiegel"; Winterfell graubraun mit weißem Spiegel. ♂ mit kurzem Geweih mit jeweils bis zu 3 Enden; ♀ (Ricke) geweihlos.

Öko: Rehe leben in unterholzreichen Wäldern, Feldgehölzen, Mooren und in der Feldflur. Als Kulturfolger ziehen sie – vorwiegend in der Dämmerung – zur Äsung auf Wiesen und Felder. Neben Gräsern, krautigen Pflanzen und Pilzen fressen sie auch Jungtriebe von Bäumen und richten dadurch Schäden an. Die Brunftzeit der Rehe liegt im Hochsommer. Im Mai/Juni werden ein bis zwei Junge geboren.

Übrigens: Während des Winters erfolgt bei Rehen eine so genannte Keimruhe. Die Entwicklung des Embryos wird erst im Frühjahr fortgesetzt, so dass sich eine verlängerte Tragzeit ergibt. Auf diese Weise werden die Jungen erst im Frühjahr geboren, wenn für die Ricken wieder ausreichend Nahrung zur Milchproduktion zur Verfügung steht.

K1 G1/1–2 WA A 15 J

2 Damhirsch

(Dama dama) Fam.: Hirsche

L 150 cm M 100 kg Jan. – Dez.

Sommerfell gelblich oder rötlich braun mit weißen Fleckenreihen; Bauchseite weiß. Winterfell dunkler. ♂ mit schaufelartigem Geweih; ♀ geweihlos.

Öko: Lebensraum der Damhirsche sind Laub- und Mischwälder. Ursprünglich sind die Tiere in Kleinasien und im Mittelmeerraum zu Hause. Bei uns wurden sie ausgesetzt und haben sich seit dem Mittelalter auch nördlich der Alpen verbreitet. Man hält sie häufig in Tiergehegen. Damhirsche ernähren sich von Gräsern und krautigen Pflanzen, Früchten und Jungtrieben der Bäume, die sie durch Verbiss schädigen.

Übrigens: Männliche Damhirsche werfen jedes Jahr ihr Geweih ab und bilden ein neues. Ebenso ist es bei Rothirschen und Rehen.

K1 G1/1–2 WA A 33 Neo J

3 Rothirsch

(Cervus elaphus) Fam.: Hirsche

L 260 cm M 220 kg Jan. – Dez.

Sommerfell rotbraun; Winterfell graubraun; Spiegel rostfarben. ♂ mit Halsmähne und Geweih mit zahlreichen Enden; ♀ geweihlos.

Öko: Rothirsche leben bevorzugt in Wäldern. Die Tiere ziehen auf eigenen Wegen, den Wildwechseln, zur Äsung. Sie fressen Gras, krautige Pflanzen, Früchte und Jungtriebe der Bäume. Durch Verbiss können sie große Schäden anrichten. Sie sind sowohl tag- als auch nachtaktiv. Außerhalb der Brunftzeit leben die Männchen von den Weibchen getrennt in Rudeln. Während der Brunft (Ende Sept./Anfang Okt.) hört man ihr „Röhren". Mit den Geweihen fechten sie dann heftige Revierkämpfe aus. Die Kälber werden im Mai oder Juni geboren.

Übrigens: Bei uns angebotenes Rothirschfleisch stammt meist aus Neuseeland oder Australien, wo die Tiere eingeführt wurden.

K1 G1/1–2 WA A 30 J

4 Wildschwein

(Sus scrofa) Fam.: Schweine

L 200 cm M 250 kg Jan. – Dez.

Fell schwarzbraun, grau überlaufen. Keiler (♂) mit kräftigen Hauern (verlängerte Eckzähne).

Öko: Wildschweine leben in unterholzreichen, vor allem feuchten Wäldern gesellig in Rotten (Rudeln). Tagsüber halten sie sich versteckt, nachts wandern sie zu den Nahrungsplätzen, wo sie den Boden nach Eicheln, Feldfrüchten (Kartoffeln!), Wurzeln und Bodentieren durchwühlen. Wildschweine sind Allesfresser. Sie suhlen sich gern im Schlamm. Die Paarungszeit liegt im Winter, die Geburt der Frischlinge im April/Mai.

Übrigens: Wildschweine sind die Stammform unserer Hausschweine. Sie haben eine äußerst empfindliche Nase, die ihnen bei der Nahrungssuche hilft. Aufgrund ihres guten Geruchssinnes hat man in Frankreich Hausschweine zur Suche von Trüffeln abgerichtet. (Trüffel sind hochwertige Speisepilze.)

K1/2 G1/3–12 WA A 30 J

1a Rehbock

1b Reh: Ricke (♀) mit Kitz

2a Damhirsch, ♂

2b Damhirsch, ♀

3 Rothirsche

4 Wildschwein: Bache (♀) mit Frischlingen/ Keiler

1 Gewöhnliche Hausmaus

(Mus musculus) Fam.: Echte Mäuse

L 10 cm M 25 g Jan. — Dez.

Fell dunkel graubraun, Bauch etwas heller. Ohren ziemlich groß. Schwanz bis 10 cm lang. △

Öko: Hausmäuse leben vorwiegend nachtaktiv in menschlichen Siedlungen. Sie sind Allesfresser und ernähren sich von Nahrungsvorräten des Menschen. Eigene Vorräte legen sie nicht an. Ihr Nest besteht aus Papierschnitzeln und Stoff. Die Tragzeit beträgt drei Wochen. Hausmäuse leben in Großfamilien mit eigenem Territorium. Bei Überbevölkerung bleiben viele Weibchen unfruchtbar.

Übrigens: Hausmäuse können sehr harte Materialien — sogar Blech — zernagen. Ihre Zähne sind, wie die vieler anderer Nagetiere, fast so hart wie Diamanten.

K1/2 G4—6/4—13 WA A4 Ar

2 Wanderratte

(Rattus norvegicus) Fam.: Echte Mäuse

L 27 cm M 500 g Jan. — Dez.

Fell braungrau, unterseits weißlich. Schwanz behaart und kürzer als der übrige Körper. Das Fell der **Hausratte** *(Rattus rattus)* ist schwarzbraun, ihr Schwanz ist länger als der Körper.

Öko: Wanderratten sind Kulturfolger. Man findet sie in Kellern, Abwasserkanälen und auf Müllplätzen. Sie sind Allesfresser.

Übrigens: Seit dem 19. Jahrhundert hat die Wanderratte die Hausratte bei uns verdrängt. Letztere verbreitete als Wirt des Pestflohs im Mittelalter die Pest.

K1/2 G3—6/6—10 WA A6 Neo

3 Feldwühlmaus

(Microtus arvalis) Fam.: Wühlmäuse

L 13 cm M 50 g Jan. — Dez.

Fell graubraun, unterseits heller. Schwanz nur 3—4,5 cm lang. Ohren innen dicht behaart. Die **Rötelwühlmaus** *(Clethrionomys glareolus)* ist oberseits rotbraun und hat einen längeren Schwanz. △

Öko: Die Feldwühlmaus besiedelt Äcker und Wiesen, aber auch Parks und Dünen. Sie ist ein Pflanzenfresser und lebt tag- und nachtaktiv in Kolonien. Die Tiere bauen verzweigte Gangsysteme. Die Ausgänge sind durch oberirdische Laufwege verbunden. Feldwühlmäuse legen Vorräte an. Ihre Nahrung besteht vorwiegend aus Kräutern und Feldfrüchten. Die Tiere sind schon mit drei Wochen geschlechtsreif.

Übrigens: In Monokulturen vermehren Feldwühlmäuse sich wegen des großen Nahrungsangebots oft explosionsartig.

K1 G3—7/4—12 WA A2

4 Große Schermaus

(Arvicola terrestris) Fam.: Wühlmäuse

L 20 cm M 200 g Jan. — Dez.

Fell dunkel braungrau, unterseits braungelb. Ohren vom Pelz verdeckt. △

Öko: Die Schermaus lebt an Gewässern und im Kulturland, wo sie unterirdische Gangsysteme anlegt. Sie frisst Kräuter, Wurzeln und Früchte.

Übrigens: Im Volksmund wird die große Schermaus auch „Wasserratte" genannt.

K1 G3—4/4—6 WA A4

5 Hausspitzmaus

(Crocidura russula) Fam.: Spitzmäuse

L 9 cm M 14 g Jan. — Dez.

Fell graubraun, unterseits heller. Kopf lang gestreckt; Zähne weiß. Die **Waldspitzmaus** *(Sorex araneus)* ist oberseits schwarzbraun, seitlich heller. Ihre Zähne haben rote Spitzen. △

Öko: Die Hausspitzmaus lebt auf Feldern, Wiesen und in Gärten. Das nachtaktive Tier wird oft in Komposthaufen gefunden. Hausspitzmäuse ernähren sich vor allem von Insekten.

Übrigens: Spitzmäuse sind nicht mit Mäusen, sondern mit Igel und Maulwurf nahe verwandt. Bei Beunruhigung bilden sie manchmal eine „Karawane". Dabei beißt sich ein Junges an der Schwanzwurzel der Mutter fest, das nächste Junge an dessen Schwanzwurzel und so fort.

K2 G2—4/3—9 WA A2

1 Gewöhnliche Hausmaus △

2 Wanderratte

3a Feldwühlmaus △

3b Rötelwühlmaus △

4 Große Schermaus △

5 Hausspitzmaus △

1 Europäischer Maulwurf

(Talpa europaea) Fam.: Maulwürfe

L 15 cm M 100 g Jan. – Dez.

Fell schwarz; Vorderfüße als Grabschaufeln.

Öko: Maulwürfe legen verzweigte unterirdische Gangsysteme in Wiesen, Weiden, Äckern und Gärten an. Von einer Nestkammer gehen zahlreiche Verbindungen zu Nahrungsgängen ab. Maulwurfshügel entstehen beim Herausschieben der Erde mit der Schnauze. Maulwürfe fressen alle Tiere, die in die Gänge eindringen, vorwiegend Regenwürmer und Insektenlarven, aber auch Spinnen, Amphibien und Mäuse. Fressfeinde sind Greifvögel, Störche, Dachs und Wildschwein.

Übrigens: Maulwürfe legen Vorräte für den Winter an. Sie sammeln dazu Engerlinge sowie Regenwürmer, die sie durch einen Biss ins Bauchmark lähmen und so am Fortkriechen hindern. Die Maulwurfshügel sind in Form und Größe etwa gleich, während die Hügel der Schermaus (S. 19) sehr unterschiedlich und flacher sind.

K2 G2/4 – 6 WA A 4

2 Europäischer Biber

(Castor fiber) Fam.: Biber

L 100 cm M 35 kg Jan. – Dez.

Schwanz typisch kellenförmig verbreitert.

Öko: Biber leben bevorzugt in Auenwäldern an stehenden oder langsam fließenden Gewässern. Ihre Nahrung besteht aus Wasserpflanzen und der Rinde von Weichhölzern. Sie fällen Bäume durch Abnagen. Die Äste werden zum Bau von Dämmen und „Burgen" verwendet, die durch Unterwasserzugänge gesichert sind. Biber leben in Familienkolonien mit ein- und zweijährigen Jungtieren. Sie leben in „Einehe".

Übrigens: Infolge der Pelzjagd war der Biber vor 100 Jahren in Mitteleuropa fast ausgerottet. Die meisten der heutigen Vorkommen entstanden durch Wiederansiedlung durch den Menschen. In der Schorfheide, an der Mittelelbe, im Elbe-Havel-Gebiet und an der Donau kommen Biber heute wieder regelmäßig vor.

K1 G1/2 – 8 WA A 25 RL3

3 Bisam

(Ondatra zibethicus) Fam.: Wühlmäuse

L 40 cm M 1,6 kg Jan. – Dez.

Kaninchengroß. Fell dunkelbraun, unterseits heller. Schwanz lang, nackt, seitlich zusammengedrückt. Hinterfüße mit Schwimmhäuten. Die **Biberratte** (Nutria; *Myocastor coypus;* Fam. Biberratten) ist hasengroß, plump und hat einen runden, nackten Schwanz.

Öko: Der Bisam lebt an stehenden oder langsam fließenden Gewässern, wo er sich von Pflanzen und Wassertieren, z. B. Muscheln, ernährt. Im Pflanzengürtel legt er durch Abbeißen „Schwimmstraßen" frei. Seine Baue gräbt er in Uferwände und Deiche. Er baut auch „Burgen" aus Schilf. Die Winterburgen in Form meterhoher Hügel enthalten mehrere Wohn- und eine Vorratskammer. Ist das Gewässer zugefroren, legt der Bisam Atemlöcher im Eis an.

Übrigens: Ursprünglich war der Bisam nicht bei uns heimisch. 1905 wurden in der Nähe von Prag einige aus Alaska mitgebrachte Tiere ausgesetzt. Die Art, auch „Bisamratte" genannt, breitete sich in ganz Europa aus und richtet besonders an Deichen erhebliche Schäden an.

K1/2 G3 – 4/5 – 7 WA A 5 Neo J

4 Siebenschläfer

(Glis glis) Fam.: Schläfer

L 20 cm M 250 g Mai – Sept.

Fell bräunlich grau bis grau, unterseits weiß; um die Augen mit dunklen Ringen.

Öko: Der nachtaktive Siebenschläfer lebt in Parks, Obstgärten und Eichenlaubwäldern. Er ernährt sich von Insekten, Jungvögeln, Knospen, Laub, Beeren und Früchten. Sein Nest baut er aus Zweigen, Buchenlaub, Gras und Moos in Baum- und Felshöhlen, manchmal auch in Nistkästen. Von Ende September bis Ende April hält er Winterschlaf (Name!) in Erdhöhlen. Er überwintert auch auf Dachböden.

Übrigens: Im alten Rom, aber auch in Deutschland bis ins 19. Jahrhundert hinein, galten Siebenschläfer als Delikatesse. Die Römer hielten sie in besonderen Gehegen.

K1/2 G1/3 – 6 WS A 9

1 Europäischer Maulwurf

2a Europäischer Biber

3b Biberratte (Nutria)

2b Europäischer Biber, schwimmend

4 Siebenschläfer

3a Bisam

1 Wildkaninchen

(Oryctolagus cuniculus) Fam.: Hasen

L 55 cm M 2,5 kg Jan. – Dez.

Fell braungrau, unterseits grauweiß. Ohren ohne schwarze Spitzen (vgl. Feldhase).

Öko: Kaninchen bevorzugen Lebensräume mit sandigen Böden und niedrigem Pflanzenbewuchs. Ihre Nahrung besteht aus Kräutern und Wurzeln. Sie leben in Kolonien und legen weit verzweigte unterirdische Baue an. Brutröhren sind unverzweigte Höhlen, die beim Verlassen zugescharrt werden. Die Paarungszeit dauert von Februar bis Oktober. Die Jungen sind Nesthocker. Fressfeinde sind z. B. Katzen, Tag- und Nachtgreife, Großes Wiesel und Iltis.

Übrigens: Die Wildkaninchen stammen aus den Steppengebieten Nordwestafrikas, mit den Mauren kamen sie nach Europa. In Australien ausgesetzte Tiere entwickelten sich zur Landplage, denn dort fehlen die Fressfeinde. Zur Bekämpfung wurden Myxomatose-Erreger („Kaninchenpest“) eingebracht, die die Ausbreitung der Tiere eindämmen konnten.

K1 G5 – 6/5 – 10 WA A 18 Ar J

2 Europäischer Igel

(Erinaceus europaeus) Fam.: Igel

L 28 cm M 1,2 kg April – Okt.

Körper mit Stacheln besetzt. Unverwechselbar.

Öko: Igel leben in gebüschreicher Landschaft, lichten Wäldern, Gärten und Parks. Sie sind dämmerungsaktiv und verstecken sich tagsüber unter Holz- und Heuhaufen oder dichtem Gestrüpp. Sie fressen Kleintiere aller Art, wie zum Beispiel Würmer, Schnecken und Insekten, aber auch Obst. Ihre Paarungszeit beginnt im Mai. Die Jungen werden in oberirdischen Nestern aus Gras, Moos und Blättern geboren. Fressfeinde sind Uhu, Waldkauz, Dachs und Fuchs, aber auch spitzschnauzige Hunde.

Übrigens: Igel rollen sich bei Gefahr zusammen. Bei der Begegnung mit Autos ist dieses Verhalten allerdings tödlich. Die Tiere sind zwar unempfindlich gegen viele tierische Gifte, Schneckenkorn kann ihnen jedoch schaden.

K2 G1/2 – 10 WS A 14

3 Feldhase

(Lepus europaeus) Fam.: Hasen

L 70 cm M 7 kg Jan. – Dez.

Fell gelblich grau, schwarz gesprenkelt, unterseits weiß. Ohren mit schwarzer Spitze.

Öko: Feldhasen sind in der freien Feldflur und in lichten Laubwäldern anzutreffen. Sie sind Pflanzenfresser. Tagsüber drücken sie sich häufig mit angelegten Ohren flach in eine Mulde am Boden (Sasse). Bei Gefahr springen sie plötzlich auf und rennen Haken schlagend davon. Feldhasen sind vorwiegend dämmerungs- und nachtaktiv. Außerhalb der Paarungszeit (Frühjahr) sind sie Einzelgänger. Die Jungen werden in der Sasse geboren. Sie sind Nestflüchter.

Übrigens: Der Hase war der Sage nach das Lieblingstier der germanischen Erd- und Frühlingsgöttin Ostara. Aus der Zeit des ursprünglich heidnischen Osterfestes hat sich der Glaube an den Osterhasen bis in die christliche Zeit hinübergerettet.

K1 G3 – 4/2 – 4 WA A 8 J

4 Gewöhnliches Eichhörnchen

(Sciurus vulgaris) Fam.: Hörnchen

L 27 cm M 400 g Jan. – Dez.

Fell rotbraun oder braunschwarz, unterseits weiß. Schwanz buschig.

Öko: Eichhörnchen leben in Wäldern, Parks und Gärten mit hohen Bäumen. Die tagaktiven Tiere fressen Baumsamen, Nüsse, Beeren, Insekten und Vogeleier. Im Herbst sammeln sie Wintervorräte, die sie in Baumhöhlen einlagern oder im Waldboden vergraben. Nur einen Teil davon finden sie wieder und so tragen sie zur Verbreitung von Gehölzen, besonders der Hasel, bei. Die Tiere bauen in Bäumen ein dichtes Nest aus Zweigen, Gras und Moos (Kobel). Fressfeinde sind Baummarder und Habicht.

Übrigens: Zum Öffnen von Haselnüssen nagen Eichhörnchen zunächst mit den Zähnen des Unterkiefers Längsfurchen in die Schale. Durch Spreizen der Schneidezähne des Oberkiefers knacken sie diese dann auf.

K1/2 G2/3 – 7 WR A 12

1 Wildkaninchen

2 Europäischer Igel

3a Feldhase

3b Feldhase in der Sasse

4 Gewöhnliches Eichhörnchen

1 Steinmarder

(Martes foina) Fam.: Marder

L 60 cm M 2 kg Jan. – Dez.

Fell graubraun mit weißem Kehlfleck, der sich zu den Beinen hin gabelt. Das Fell des **Baummarders** *(Martes martes)* ist braun gefärbt, sein Kehlfeck ist gelblich.

Öko: Der überwiegend nachtaktive Steinmarder ist ein Waldrandbewohner. Er ist aber häufig auch in felsigem Gelände und in menschlichen Siedlungen anzutreffen. Auf Dachböden, in Scheunen, Ställen und auf Holzplätzen findet er geeignete Lebensräume. Er ernährt sich u. a. von kleinen Säugetieren, in Städten hauptsächlich von Ratten. Daneben frisst er Vögel, Eier und Regenwürmer. Er ist ein Kulturfolger. Der Baummarder lebt ausschließlich im Wald und macht dort besonders Jagd auf Eichhörnchen.

Übrigens: Steinmarder kriechen in vielen Gegenden Deutschlands in den warmen Motorraum abgestellter Autos, wo sie durch das Anknabbern von Schläuchen Schäden anrichten.

K2/3 G1/2 – 5 WA A 10 J

2 Europäischer Iltis

(Putorius putorius) Fam.: Marder

L 48 cm M 2 kg Jan. – Dez.

Fell dunkelbraun mit weißgelbem Unterhaar, unterseits fast schwarz. Ohrränder und Schnauze mit weißlicher Zeichnung.

Öko: Der Iltis ist in Wäldern, an Gewässern, häufig auch in menschlichen Siedlungen zu finden. Er ernährt sich von Mäusen und Ratten, Kleinvögeln, Fröschen, Fischen, Insekten und anderen Kleintieren. Die Tiere sind dämmerungs- und nachtaktiv und gelten als gute Schwimmer. Ihre Lager legen sie z. B. in Kaninchenbauen an, graben aber auch selber kleine Höhlen. Im Winter suchen sie oft Scheunen auf.

Übrigens: Wenn ein Iltis erschrickt, sondert er eine übel riechende Flüssigkeit aus seinen Analdrüsen ab. Man nennt die Tiere deshalb auch „Stinkmarder“. Das Frettchen, eine gezähmte Albinoform des Iltis, wird zur Kaninchenjagd eingesetzt.

K2/3 G1/3 – 7 WA A 10 RLV

3 Großes Wiesel

(Mustela erminea) Fam.: Marder

L 30 cm M 300 g Jan. – Dez.

Schwanzspitze schwarz; im Sommerfell oberseits braun, unterseits gelblich weiß; Winterfell weiß.

Öko: Das Große Wiesel lebt in der Nähe menschlicher Siedlungen, vor allem in Wäldern, Parks, auf Äckern und in Dünenlandschaften. Es ist überwiegend dämmerungs- und nachtaktiv. Hauptbeute sind Mäuse, Ratten, Maulwürfe, Spitzmäuse, aber auch Vögel und andere Kleintiere. Die Tiere haben bis zu 40 Hektar große Reviere. Fressfeinde sind Tag-Greifvögel, Eulen, Hunde und Katzen.

Übrigens: Das Große Wiesel wird auch „Hermelin“ genannt. Sein wertvolles Fell wurde für die Anfertigung von Königsmänteln verwendet. Es ist auch heute noch beliebt und wird von Pelztierfarmen geliefert. Auf südpazifischen Inseln hat man das Große Wiesel früher zur Bekämpfung der von Schiffen mitgebrachten Ratten eingesetzt. Die Tiere haben aber gleichzeitig auch zur Ausrottung einheimischer Beuteltierarten beigetragen.

K2/3 G1/3 – 9 WA A 10 RLV

4 Kleines Wiesel

(Mustela nivalis) Fam.: Marder

L 26 cm M 160 g Jan. – Dez.

Fell braun, unterseits weiß; Mundwinkel mit braunem Fleck. Beine unter dem schlanken Körper verborgen. Das Tier huscht wie eine kleine, lange Walze durch das Gelände.

Öko: Das Kleine Wiesel lebt in Kulturlandschaften, auch in der Nähe menschlicher Siedlungen. Es ist tag- und nachtaktiv. Hauptbeutetiere sind Wühlmäuse, aber auch andere Wirbeltiere bis Kaninchengröße. Aufgrund ihrer geringen Körpergröße können Kleine Wiesel in Mäusebaue eindringen. Trächtige Tiere kann man zu allen Jahreszeiten beobachten.

Übrigens: Im Volksmund wird das Kleine Wiesel auch „Mauswiesel“ oder liebevoll „Hermännchen“ genannt.

K2 G1/5 – 7 WA A 8 RLV

1a Steinmarder

1b Baummarder

2 Europäischer Iltis

3a Großes Wiesel im Winterfell

4 Kleines Wiesel

3b Großes Wiesel im Sommerfell

1 Europäischer Dachs

(Meles meles) Fam.: Marder

L 90 cm M 24 kg März – Sept.

Kopf weiß mit 2 breiten schwarzen Streifen. Fell gelblich grau, unterseits schwarz.

Öko: Dachse leben nachtaktiv in Laub- und Mischwäldern. Sie legen umfangreiche, bis 5 m tiefe Baue mit Gängen an, die in einen Kessel münden. Dieser wird mit Moos ausgepolstert. Dachse sind Allesfresser. Neben Kleintieren fressen sie auch Kaninchen und Igel.

Übrigens: Ihren Bau halten Dachse sehr sauber. Täglich wird die Streu gewechselt. Sie graben kleine Löcher und benutzen sie als „Toiletten". Aus Dachshaaren stellt man besonders feine Pinsel her.

K1/2 G1/1 – 5 WR A 15 J

2 Nordamerikanischer Waschbär

(Procyon lotor) Fam.: Kleinbären

L 60 cm M 10 kg Jan. – Dez.

Schwanz buschig, schwarz-grau geringelt. Gesicht mit schwarzer Maske.

Öko: Waschbären besiedeln Laub- und Mischwälder. Insbesondere in der Nähe von Gewässern sind sie heute in Deutschland weit verbreitet. In Schrebergärten sind sie anzutreffen und sogar in Städte dringen sie vor, wo sie sich als Allesfresser überwiegend von Resten aus Mülltonnen und Abfallkörben ernähren. Waschbären sind Einzelgänger. Man kann sie ausschließlich in der Dämmerung und nachts beobachten, tagsüber halten sie sich in Felsspalten und Baumhöhlen versteckt. Sie sind gute Kletterer.

Übrigens: Auch in Gefangenschaft gehen Waschbären oft mit ihrer Nahrung zum Wasser und scheinen sie dort abzuwaschen. Möglicherweise ist dies aber nur eine „Ersatzhandlung", denn im Gehege fehlt ihnen zum Beispiel die Möglichkeit, in seichtem Wasser Tiere zu fangen. Ein ähnlich aussehender, aber bei uns wesentlich seltenerer Neubürger ist der **Ostasiatische Marderhund** (*Nyctereutes procynoides;* Fam.: Hunde).

K1/2/D G1/3 – 4 WA A 8 Neo J

3 Rotfuchs

(Vulpes vulpes) Fam.: Hunde

L 80 cm M 10 kg Jan. – Dez.

Fell rotbraun bis gelbrot, unterseits weiß; untere Beinpartien und Spitzen der Ohren schwarz.

Öko: Rotfüchse leben als Einzelgänger in Wäldern, Feldgehölzen und sonstigen deckungsreichen Landschaften, dringen aber auch bis in Großstädte vor. Sie ernähren sich überwiegend von Aas und Mäusen, erbeuten aber auch Rehkitze, Hausgeflügel, Eidechsen sowie Würmer und Insekten. Im Herbst fressen sie auch Obst. Sie sind vorwiegend dämmerungs- und nachtaktiv. Ihr Bau besteht aus einem verzweigten Röhrensystem mit Wohnkessel.

Übrigens: Als Tollwutüberträger wurden Füchse in der Vergangenheit stark verfolgt. Inzwischen hat man mit Impfungen über das Auslegen entsprechend präparierter Hühnerköpfe gute Erfolge erzielt.

K2 G1/3 – 8 WA A 12 J

4 Fledermäuse

Ord.: Fledermäuse

Flughaut zwischen Armen, Beinen, Schwanz und zweitem bis fünftem Finger. Bei uns gibt es etwa 30 Fledermausarten, die nur schwer zu unterscheiden sind.

Öko: Fledermäuse sind in Waldgebieten, Parkanlagen und Gärten zu beobachten. Es sind Nachttiere, die meist in Kolonien leben. Tagsüber halten sie sich in Gebäuden, Mauerspalten, Baumhöhlen und Nistkästen auf. Als Winterquartiere suchen sie Höhlen, Stollen und Gebäude auf. Fledermäuse machen Jagd auf Insekten. Dabei geben sie Töne im Ultraschallbereich ab. Die von fliegenden Insekten zurückgeworfenen Schallwellen ermöglichen eine genaue Ortung der Beute. Bei uns ist die **Zwergfledermaus** *(Pipistrellus pipistrellus)* eine der häufigsten Arten.

Übrigens: Zum Trinken gleiten Fledermäuse dicht über die Wasseroberfläche. Dabei nehmen sie mit der Zunge Wasser auf.

K2 G1/2 WS A 17 RL1 – 3

1 Europäischer Dachs

2a Nordamerikanischer Waschbär

2b Ostasiatischer Marderhund

3 Rotfuchs

4a Zwergfledermaus bei der Insektenjagd △

4b Ruhende Fledermäuse

1 Rauchschwalbe

(Hirundo rustica) Fam.: Schwalben

L 19 cm M 25 g April – Okt.

Schwanz tief gegabelt. Oberseite und Halsbinde dunkel, mit metallischem Blauschimmer; Kehle und Stirn rotbraun (erscheinen im Flug dunkel); Brust und Bauch weiß. Gesang ein melodisches Zwitschern; Ruf „wid-widewit".

Öko: Rauchschwalben sind Kulturfolger. Sie brüten in Gebäuden im ländlichen Bereich, vor allem in Stallungen und Scheunen. Die Bestände der Rauchschwalbe gehen inzwischen stark zurück. Dies liegt vor allem daran, dass die modernen rundum geschlossenen Ställe ihnen keine Brutmöglichkeit mehr bieten. Auch in Garagen sind die Tiere oft nicht gerne gesehen, denn mit ihrem Kot verschmutzen sie den Boden. Rauchschwalben ernähren sich von kleinen Insekten, die sie im Flug erbeuten. Man bezeichnet sie deshalb auch als „Luftplanktonjäger". Das Nest, eine oben offene Viertelkugel oder – bei Freibrütern – eine Halbkugel, wird zumeist in einer Raumecke unter der Decke angebracht. Die Tiere bauen es aus Lehmkügelchen und Pflanzenresten und polstern es mit Federn aus. Fressfeinde der Rauchschwalben sind Sperber und Baumfalke. Ihnen gelingt es, die schnellen Flieger (bis 65 km/h) zu erbeuten.

Übrigens: Im April bauen die Schwalben ihre Nester. Man kann sie dabei unterstützen, indem man ihnen im Garten eine kleine Fläche mit feuchtem Lehm anbietet. Neben Mehlschwalben und Mauerseglern gehören die Rauchschwalben zu den extremen Zugvögeln. Ihre Überwinterungsgebiete reichen von der Küste Westafrikas bis nach Südafrika. Zweimal jedes Jahr legen sie eine Flugstrecke von etwa 8 000 bis 9 000 km zurück. Vor dem Abflug ins Winterquartier sammeln sie sich. In großen Scharen kann man sie dann zumeist auf Freileitungen sitzen sehen. Schwalben gelten seit altersher als Glücksbringer: „Wer ein Schwalbennest zerschlägt, zerschlägt damit sein Glück". Das Sprichwort „Eine Schwalbe macht noch keinen Sommer" geht darauf zurück, dass die meisten Schwalben erst dann wieder zurückkehren, wenn es warm bei uns wird.

K2 G2 – 3/4 – 6 So A 16 RLV

2 Mehlschwalbe

(Delichon urbica) Fam.: Schwalben

L 13 cm M 21 g April – Sept.

Schwanz nur schwach gegabelt. Unterseite und Bürzel weiß. Gesang ein leises Zwitschern, Ruf „tsrr-tsrr".

Öko: Mehlschwalben brüten in Kolonien an Gebäuden vor allem im ländlichen Raum, seltener in Städten. Sie sind Kulturfolger. Im Gegensatz zu den Rauchschwalben bauen sie ihre Nester an der Außenseite der Gebäude unter Dachüberständen. Als ehemalige Felsenbrüter legen sie diese bevorzugt an Stellen an, wo der Boden darunter unbepflanzt, kahl ist. Sie ernähren sich von Fluginsekten.

Übrigens: Für den Bau der kunstvollen Nestkugel aus Lehmkügelchen und Speichel sind mehr als 1000 Flüge notwendig! Den Winter verbringen die Mehlschwalben im mittleren und südlichen Afrika.

K2 G2/2 – 6 So A 14

3 Mauersegler

(Apus apus) Fam.: Segler

L 12 cm M 21 g Mai – Aug.

Braunschwarz, Kehle weißlich. Ruf schrill „sriih-sriih".

Öko: Mauerseglern begegnet man vor allem in Städten. Als ehemalige Felsenbrüter legen sie ihre Nester insbesondere in Nischen von hohen Steingebäuden, unter Dachpfannen und auch in Kunsthöhlen an. Sie ernähren sich von kleinen Fluginsekten.

Übrigens: Mauersegler kommen mehrere Tage ohne Nahrung aus. Um Energie zu sparen senken sie dann ihre Körpertemperatur ab und fallen bei etwa 22 °C in eine Art Tiefschlaf (Hungerstarre). Fast ihr ganzes Leben verbringen sie in der Luft! Mit ihren kurzen Füßen – die vier Zehen sind nach vorn gerichtet – können sie sich an Fels- und Mauervorsprüngen anklammern. Mit bis zu 180 km/h sind sie die weitaus schnellsten „Kleinvögel". Sie überwintern vor allem in den Großstädten Südafrikas, wo sie um die Weihnachtszeit eintreffen.

K2 G1/2 – 4 So A 21

1a Rauchschwalbe im Flug

1b Rauchschwalben am Nest

2a Mehlschwalbe

2b Fliegende Mehlschwalbe

3a Mauersegler im Flug

3b Mauersegler

1 Haussperling

(Passer domesticus) Fam.: Sperlinge

L 15 cm M 31 g Jan. – Dez.

♂ mit grauer Kopfplatte und braunem Nacken. ♀ unscheinbar graubraun, unterseits heller. Gesang ein schilpendes „Geplauder"; Ruf „schilp-schilp ...".

Öko: Der Haussperling ist einer unserer ältesten Kulturfolger. Er brütet gesellig in Nischen und Höhlen an Gebäuden. In Mehlschwalbennestern, aus denen er die Mehlschwalben vertreibt (Nest-Parasitismus), oder als „Untermieter" in den Nestern von Großvögeln wie dem Weißstorch ist er ebenfalls anzutreffen. Er ernährt sich überwiegend von Sämereien, frisst im Sommer aber auch Insekten und andere Gliederfüßer. Das „unordentliche" Nest, eine Halb- bis Dreiviertelkugel, wird aus Federn, Wolle, Gras, Haaren und Papier hergestellt.

Übrigens: Früher galt der „Spatz" als Sinnbild des Wertlosen und des Geschwätzes („Die Spatzen pfeifen es von den Dächern.").

K1 G3(–5)/4–6 Ja A 23 Ar

2 Feldsperling

(Passer montanus) Fam.: Sperlinge

L 14 cm M 23 g Jan. – Dez.

Geschlechter gleich, ähnlich Haussperlings-Männchen, jedoch mit rötlich brauner Kopfplatte und schwarzem Wangenfleck. Gesang ein metallisches „tschirp"; Flugruf „teck".

Öko: Feldsperlinge brüten einzeln oder gesellig in Baumhöhlen oder Nistkästen in offenem Gelände mit altem Baumbestand, in Parkanlagen und Gärten sowie als „Untermieter" in den Nestern von Großvögeln wie Reiher, Storch oder Adler. Ihre Nahrung besteht überwiegend aus Sämereien, im Sommer fressen sie auch Insekten und andere Gliederfüßer. Für den Winter legen sie überdachte Schlafnester an. Die sehr lebhaften Feldsperlinge kommen auch ans Futterhaus.

Übrigens: Der wichtigste Fressfeind des Feldsperlings und anderer Kleinvögel der offenen Landschaft ist der Sperber.

K1 G2–3/3–8 Ja A 11 RLV

3 Heckenbraunelle

(Prunella modularis) Fam.: Braunellen

L 15 cm M 23 g Jan. – Dez.

Auf den ersten Blick ähnlich Haussperlings-Männchen, jedoch Schnabel schmal und spitz. Brust und Kehle blaugrau; Beine rötlich. Gesang ein dünnes, trillerndes Zwitschern, das oft von der Spitze eines Nadelbaumes aus vorgetragen wird.

Öko: Die Heckenbraunelle kann man in Gärten, Parkanlagen und kleinen Gehölzen beobachten. Im Sommer frisst sie vor allem Insekten, im Winter kleine Sämereien. Sie kommt auch ans Futterhaus. Ihr Nest legt sie versteckt in dichtem Unterholz an.

Übrigens: Die Haut am Schnabelrand der Jungvögel ist hellrosa und hat vier leuchtend weiße Flecken. Die Eltern finden so gezielt auch im dunklen Dickicht die „Futterluke". Solche Anpassungen findet man auch bei Höhlenbrütern.

K1/2 G2/4 Ja (So) A 11

4 Buchfink

(Fringilla coelebs) Fam.: Finken

L 16 cm M 24 g Jan. – Dez.

Flügel mit doppelter weißer Flügelbinde. ♀ ähnlich den Weibchen von Haussperling und Grünfink (S. 32). Gesang schmetternd („Finkenschlag"); Einzelruf „pink" (ähnlich Kohlmeise), Regenruf „huit" oder „wrüt".

Öko: Der Buchfink brütet überall dort, wo Bäume vorhanden sind. Er gilt als ein „Charaktervogel" der Buchenwälder. Seine Nahrung besteht überwiegend aus Sämereien, im Sommer auch aus Insekten und anderen Gliederfüßern. Buchfinken bauen ihr kunstvolles, innen mit Haaren und Federn ausgepolstertes Nest in Astgabeln von höheren Gehölzen.

Übrigens: Der wissenschaftliche Artname *„coelebs"* bedeutet ehelos (Zölibat). Er weist darauf hin, dass nur die Männchen im Winter bei uns bleiben, während die Weibchen fortziehen. („Des Finken Mann sagt, Weib ich bleib".) Seinen deutschen Namen verdankt er seiner Vorliebe für Bucheckern.

K1 G1–2/4–6 Ja (So) A 11

1 Haussperling, ♀ und ♂

2 Feldsperling

3 Heckenbraunelle

4a Buchfink, ♂

4b Buchfink, ♀

1 Grünfink

(Carduelis chloris) Fam.: Finken

L 15 cm M 30 g Jan.—Dez.

♂ mit grünlich gelber Unterseite. ♀ graugrün, ähnlich den Weibchen des Haussperlings (S. 31). Seiten der Schwanzbasis und Teile der Handschwingen gelb. Kräftiger Körnerfresserschnabel. Gesang aus trillernden Lauten, am Ende „quäääätsch"; Lockruf trillernd „gügügü".

Öko: Der Grünfink ist ein geselliger Vogel, der Gärten, Parkanlagen und Kleingehölze bewohnt. Er ernährt sich überwiegend von Sämereien. Das Nest wird in dichtem Gebüsch oder in Bäumen angelegt.

Übrigens: Der Vogel wird auch „Grünling" genannt. Er ist häufiger Gast am Futterhaus. In Frankreich vergleicht man nicht besonders schlaue Menschen mit Grünfinken, da diese leicht zu fangen sind.

K1 G2/4—6 Ja A 10

2 Girlitz

(Serinus serinus) Fam.: Finken

L 11 cm M 12 g Jan.—Dez.

Kleinster Finkenvogel. ♂ kanarienvogelgelb; ♀ blasser. Gesang ein anhaltendes hohes, sirrendes Zwitschern, das von einer Warte, in Siedlungen oft von einer Antenne aus vorgetragen wird; Lockruf „girlitt" (Name!).

Öko: Der Girlitz kommt bei uns vor allem in Dörfern und Städten in Bereichen mit lockerer Wohnbebauung und größeren Gärten vor. Er ernährt sich ausschließlich von Sämereien und Pflanzentrieben. Die Jungen werden aus dem Kropf, einer sackartigen Erweiterung der Speiseröhre, mit aufgeweichten Sämereien gefüttert. Die Weibchen legen die Nester in dichtem Gebüsch oder in Bäumen an. Diese sind kleiner als die Nester aller übrigen bei uns vorkommenden Kleinvögel.

Übrigens: Der Girlitz ist nahe verwandt mit dem Kanarienvogel. Erst seit Ende des 19. Jahrhunderts hat er sich vom Mittelmeerraum bis nach Deutschland ausgebreitet (Berlin 1880). In einigen Regionen fehlt er bis heute.

K1 G2/3—5 Ja (So) A 10

3 Goldammer

(Emberiza citrinella) Fam.: Ammern

L 17 cm M 29 g Jan.—Dez.

Unterseite und Seiten des Kopfes beim ♂ zitronengelb, Bürzel rotbraun. ♀ blasser. Gesang einprägsam, von einer Warte (Hecke) aus vorgetragen, könnte „übersetzt" werden mit „Wie, wie, wie, wie hab ich dich lieb"; Lockruf „zick".

Öko: Die Goldammer ist der „Charaktervogel" der offenen Landschaft mit Hecken entlang von Acker- und Wiesenflächen. Sie frisst im Sommer vor allem Sämereien und Insekten, im Winter bilden ausschließlich Sämereien die Nahrung der Vögel. Das Nest wird vom Weibchen am Boden oder in Bodennähe in dichten Sträuchern gebaut.

Übrigens: Die Goldammer ist ein häufiger Kuckuckswirt. Weil sie auch im Winter bei uns ist — man kann sie dann häufig auf Feldern in größeren gemischten Trupps beobachten — wird sie auch „Winterlerche" genannt.

K1 G2/3—5 Ja A 12

4 Erlenzeisig

(Carduelis spinus) Fam.: Finken

L 12 cm M 13 g Jan.—Dez.

♂ ähnlich Girlitz-Männchen, jedoch mit schwarzer Stirn und schwarzem Kinnfleck, ♀ graugrün, gestreift (sieht wie ein sehr kleines Grünfink-♀ aus). Gesang ein schnelles Zwitschern; Lockrufe „diet-djet" und „diiieh".

Öko: Der Erlenzeisig ist zur Brutzeit an Fichtenwälder gebunden. Außerhalb der Brutzeit kann man ihn in Scharen in Erlenbeständen (Name!) mit reifen Fruchtständen flink „umherturnen" sehen. Seine Nahrung besteht aus den harten Samen, z. B. von Fichte und Erle. Im Winter sind die Vögel durch Zuzug bei uns viel häufiger als im Sommer.

Übrigens: Erlenzeisige sind „Nomaden". Sie brüten dort, wo sie im Frühling viele Fichtensamen vorfinden. Der Birkenzeisig (S. 35), ein naher Verwandter, kommt im Winter oft in Gesellschaft des Erlenzeisigs vor.

K1 G1—2/3—5 Ja/Wi A 8

1a Grünfink, ♂

1b Grünfink, ♀

2 Girlitz, ♀ und ♂

3 Goldammer, ♂

4a Erlenzeisig, ♂

4b Erlenzeisig, ♀

1 Hänfling

(Carduelis cannabina) Fam.: Finken

L 13 cm M 18 g März – Okt.

♂ mit roter Stirn und blutroten Brustflecken. ♀ gestreift mit grauem Kopf. Gesang plaudernd mit eingestreuten pfeifenden Tönen; Ruf im Flug „gäck-gäck“. Der ähnliche **Birkenzeisig** *(C. flammea)* hat einen schwarzen Kinnfleck und ein gestreiftes Rückengefieder.

Öko: Der Hänfling lebt in offenem Gelände mit Hecken, vor allem aus Schlehe und Sanddorn. Er ernährt sich von Sämereien, insbesondere von ölhaltigen Samen. Sein Nest baut er im dichten Gebüsch aus Gras, Pflanzenstängeln und Moos. Der Birkenzeisig breitet sich derzeit vom Gebirge ins Tiefland aus, wo er inzwischen auch in Städten brütet.

Übrigens: Hänfling heißt der Vogel, weil er sehr gerne Hanfsamen frisst.

K1 G2/4 – 6 So A 9

2 Dompfaff

(Pyrrhula pyrrhula) Fam.: Finken

L 15 cm M 26 g Jan. – Dez.

Bauch, Brust und Wangen beim ♂ kräftig lachsrot, beim ♀ graubraun. Kopfplatte schwarz; Bürzel weiß. Gesang unscheinbar; Lockruf ein auffälliges, sanft pfeifendes „dü“.

Öko: Den Dompfaff kann man in Mischwäldern und naturnahen Parks, auf Friedhöfen und in Gärten mit Nadelbäumen, insbesondere Fichten, beobachten. Er frisst vor allem Blattknospen und Beeren („Weichfresser“), zur Brutzeit auch Insekten. Das Nest wird in ein bis vier Metern Höhe in Fichten und Hecken angelegt. Die Weibchen flechten es kunstvoll aus Birkenreisern, Grashalmen, Flechten und Haaren.

Übrigens: Der Name „Dompfaff“ leitet sich her von Domgeistlichen mit schwarzer Kappe und rotem Ornat, die im Volksmund auch „Pfaffen“ genannt wurden. Ein anderer Name für den Dompfaff ist „Gimpel“. Früher galten die Vögel als Symbol der Einfalt („simpler Gimpel“). Das hing damit zusammen, dass sie sich mit Leimruten und Lockvögeln so leicht fangen ließen.

K1 G2/4 – 5 Ja A 17

3 Rotkehlchen

(Erithacus rubecula) Fam.: Sänger

L 14 cm M 20 g Jan. – Dez.

Beide Geschlechter gleich gefärbt. Gesang charakteristisch „perlend“, mit flötenden und trillernden Motiven; Lockruf „tick-tick“; Warnruf „tix“.

Öko: Das Rotkehlchen kommt in Wäldern, Gärten und Parkanlagen mit dichtem Unterholz vor. Es ernährt sich von Gliederfüßern, von Beeren und Sämereien („Weichfresser“). Im Winter kommt es ans Futterhaus. Ihr Nest legen die Rotkehlchen am Boden oder bodennah zwischen Wurzeln oder in Baumhöhlungen aus Laub, Gras und Moos an.

Übrigens: Wenn ein Rotkehlchen unter einer Kuh hindurchfliegt, so gibt die Kuh rote Milch, das zumindest erzählte man sich früher in Estland und in Schweden. Die Franzosen erwarten schönes Wetter, wenn Rotkehlchen zum Singen in die Bäume fliegen, und schlechtes, wenn sie nicht zu sehen sind.

K2 G2/3 – 9 Ja A 11

4 Hausrotschwanz

(Phoenicurus ochruros) Fam.: Sänger

L 15 cm M 17 g März – Sept.

♂ und ♀ mit rostrotem Bürzel und Schwanz. Gesang kurz, unmelodisch, zischend und quetschend; Lockruf „ist“; bei Erregung „st-teck-teck“. Das ♂ vom **Gartenrotschwanz** *(Ph. phoenicurus)* hat eine rostrote Unterseite und eine weiße Stirn, ♀ mit heller Unterseite.

Öko: Der Hausrotschwanz ist ursprünglich ein Felsenbrüter der Alpen. Er hat sich als Kulturfolger an die „Felswüste“ der Städte angepasst. Er ernährt sich vor allem von Insekten, frisst jedoch auch Beeren. Er brütet an Gebäuden, vor allem im Dachbereich (Nischenbrüter). Der Gartenrotschwanz (RLV) ist ein Brutvogel in lichten Wäldern und in Parkanlagen mit altem Baumbestand.

Übrigens: Im Alpenraum nennt man den Hausrotschwanz wegen des dunklen Gefieders der Männchen „Rußvogel“.

K2 G 2/4 – 5 So A 10

1a Hänfling, ♀ und ♂

1b Birkenzeisig, ♂

2 Dompfaff, ♂

3 Rotkehlchen

4a Hausrotschwanz, ♂

4b Gartenrotschwanz, ♂

1 Distelfink

(Carduelis carduelis) Fam.: Finken

L 12 cm M 16 g Jan. – Dez.

Gesang ein kanarienvogelartiges Zwitschern; Lockruf charakteristisch „tiglitt-tiglitt",

Öko: Der Distelfink bevorzugt offenes Gelände mit höheren Bäumen und distelreichen Hochstaudenfluren (Name!). Er ernährt sich vor allem von den Samen von Korbblütengewächsen, außerdem von Knospen und zur Brutzeit auch von Insekten. Sein Nest baut er in fünf bis acht Metern Höhe auf Laubbäumen. Innen polstern die Vögel es mit „Pflanzenwolle" (Flugfrüchte der Disteln) und Haaren aus.

Übrigens: Der Distelfink heißt auch „Stieglitz". Einer Sage nach sind die Vögel deshalb so bunt, weil Gott, nachdem er alle anderen Vögel bemalt hatte, für den Distelfink nur noch Farbreste in seinen Töpfen hatte.

K1 G2/4 – 5 Ja (So) A 10

2 Zaunkönig

(Troglodytes troglod.) Fam.: Zaunkönige

L 9 cm M 10 g Jan. – Dez.

Sieht aus wie eine kleine braune Kugel mit kurzem, meist hoch gestelltem Schwanz. Gesang melodisch, mit Flötentönen und Trillern, erstaunlich laut und schmetternd; Lockruf „zick-zick"; ängstlich „zerr".

Öko: Der Zaunkönig lebt im dichten Unterholz von Wäldern, Parkanlagen und Gärten. Seine Nahrung besteht überwiegend aus Gliederfüßern, vor allem Insekten, außerdem frisst er Beeren und Sämereien. In Hecken oder auch in Reisighaufen baut das Männchen in niedriger Höhe mehrere kugelförmige Nester. Das vom Weibchen gewählte Brutnest wird gut mit Federn ausgepolstert, die übrigen dienen als Schlafnester.

Übrigens: In England hat man einmal in einem sehr kalten Winter in einem Nistkasten 46 Zaunkönige zusammengekauert gefunden, die sich gegenseitig wärmten. Zaunkönig wird der Vogel genannt, weil er so flink wie kein anderer durch Zäune schlüpfen kann.

K2 G2/5 – 8 Ja A 7

3 Gewöhnlicher Kernbeißer

(Coccothraustes coccothr.) Fam.: Finken

L 18 cm M 55 g Jan. – Dez.

Starengroßer dicker Fink. Schnabel kräftig, blaugrau. Schwanz kurz, braun mit weißem Rand. Ruf „zick".

Öko: Der Kernbeißer lebt in Laub- und Mischwäldern, in Parkanlagen sowie in großen Gärten. Er ernährt sich in erster Linie von Sämereien, aber auch Früchte verschmäht er nicht. Kirschkerne knackt er mit seinem kräftigen Schnabel auf (Name!), das Fruchtfleisch frisst er jedoch nicht. Ihre Nester legen die Kernbeißer aus Zweigen und Gras meist hoch in den Bäumen an. Die Jungen werden mit Insekten und Sämereien gefüttert.

Übrigens: Kernbeißer kommen auch ans Futterhaus.

K1 G1(–2)/5 – 6 Ja A 10

4 Star

(Sturnus vulgaris) Fam.: Stare

L 22 cm M 80 g Febr. – Sept.

Brutkleid schwärzlich, metallisch schillernd; Gefieder im Herbst weiß geperlt („Perlstar"). Stare schreiten – im Gegensatz zur Amsel – aufrecht auf dem Boden. Gesang von einer Warte, z. B. Antenne, mit Trillern, Pfiffen („süjü"), knackenden Lauten und Nachahmungen verschiedener anderer Vögel; Lockruf „star" (Name!) oder „spreen".

Öko: Stare lieben lichte Gehölze mit altem Baumbestand (Bruthöhlen!). Sie sind zu Kulturfolgern geworden, die auch künstliche Brutplätze an Häusern annehmen. Ihre Nahrung besteht überwiegend aus Insekten, Regenwür-mern und Schnecken. Außerdem stehen Früchte und Sämereien auf dem Speiseplan. Außerhalb der Brutzeit suchen sie zur Nahrungsaufnahme in großen Schwärmen Grünland auf. Sie übernachten oft zu Tausenden an gemeinsamen Schlafplätzen.

Übrigens: In Obstplantagen und auf Flughäfen vertreibt man die Stare durch Abspielen ihrer Angstlaute („kwääh").

K2 G1(–2)/5 – 6 So (Ja) A 20

1 Distelfink

2 Zaunkönig

3 Kernbeißer

4a Star

4b „Perlstar“ bei der Nahrungssuche

1 Amsel

(Turdus merula) Fam.: Sänger

L 25 cm M 95 g Jan. – Dez.

♂ mit gelbem Schnabel. Fortbewegung hüpfend. Gesang ein lang andauerndes, melodisches Flöten; Lockruf „tsii“; Warnruf „tix-tix“.

Öko: Die Amsel ist ein Kulturfolger. In geschlossenen Waldgebieten, ihrem ursprünglichen Lebensraum, ist sie heute selten. In städtischen Lebensräumen ist sie dagegen inzwischen die häufigste Art. Ihre Nahrung besteht vor allem aus Regenwürmern, die sie insbesondere auf Scherrasenflächen erbeutet. Daneben frisst sie Beeren und Sämereien. Das kunstlos aus trockenen Grashalmen angelegte Nest wird in Astgabeln von Sträuchern, in Spalten und Nischen an Gebäuden oder im Geflecht von Kletterpflanzen angelegt.

Übrigens: Mit geschätzten 18 Millionen (!) Brutpaaren ist die Amsel in Deutschland der mit Abstand häufigste einheimische Singvogel. Sie wird auch „Schwarzdrossel“ genannt. In Süddeutschland galt die Amsel im Mittelalter als Totenvogel.

K2 G2 – 4/4 – 6 Ja A 17

2 Wacholderdrossel

(Turdus pilaris) Fam.: Sänger

L 26 cm M 80 g Jan. – Dez.

Kopf und Bürzel grau; Rücken und Flügeldecken schokoladenbraun. Lockruf charakteristisch „schack-schack-schack“ und „zieh“.

Öko: Die Wacholderdrossel brütet in kleinen Kolonien in Misch- und Laubwäldern, in Parks, auf Friedhöfen und in Gärten. Sie ernährt sich von Regenwürmern, Schnecken und Insekten sowie von Früchten und Sämereien. Die Nester werden aus Zweigen, Moos und Gras geflochten und mit Lehm verklebt.

Übrigens: Wacholderdrosseln verteidigen ihre Nester gegen Nesträuber gemeinsam durch gezieltes Kotspritzen. Seit etwa 1850 hat sich die Wacholderdrossel von Osteuropa aus nach Westen ausgebreitet. Ihr Name weist darauf hin, dass sie gern Wacholderbeeren frisst.

K2 G1 – 2/5 – 6 Ja/Wi A 8

3 Singdrossel

(Turdus philomelos) Fam.: Sänger

L 23 cm M 70 g März – Sept.

Brust gefleckt. Gesang melodiös, laut, mit mehrfach wiederholten Motiven (z. B. „philipp, philipp, philipp“). Die ähnliche **Rotdrossel** (*T. iliacus*; nur Wintergast!) hat einen weißlichen Überaugenstreif und rostrote Flanken. △

Öko: Singdrosseln sind in lichten Wäldern, in Parkanlagen, auf Friedhöfen und in großen Gärten zu Hause. Sie erbeuten Regenwürmer, Schnecken und Insekten, fressen aber auch Beeren und Sämereien. Das aus Halmen und kleinen Zweigen geflochtene Nest wird in ein bis drei Metern Höhe meist in dichten Nadelgehölzen angelegt und mit Speichel und Lehm verkittet.

Übrigens: An bestimmten Stellen mit festem Untergrund schlagen die Vögel Gehäuseschnecken auf („Schneckenschmiede“). Auch andere Drosselarten zeigen dieses Verhalten.

K2 G2 – 3/4 – 6 So A 14

4 Misteldrossel

(Turdus viscivorus) Fam.: Sänger

L 27 cm M 120 g Febr. – Nov.

Sieht aus wie eine große Singdrossel, jedoch Brust und Bauch mit größeren Flecken; Rückengefieder grauer. Ruf ein typisches lautes Schnarren („Schnärrer“). △

Öko: Misteldrosseln besiedeln vor allem offene Parklandschaften, wo sie sich von Regenwürmern, Schnecken, Insekten, Beeren und Sämereien ernähren. Das Nest wird (bis in 15 Meter Höhe) in der Astgabel eines Baumes aus Grashalmen und Zweigen gebaut.

Übrigens: Während des Herbstzuges fressen Misteldrosseln auch die Früchte der Misteln (Name!). Die Samen der sechs bis zehn pro Mahlzeit gefressenen Beeren werden nach etwa einer halben Stunde mit dem Kot wieder ausgeschieden. Gelangen diese auf die Borke von Wirtsbäumen wie Pappeln und Obstbäume, so können die Samen auskeimen und sich in der Rinde verankern.

K2 G2/4 – 5 So A 10

1a Amsel, ♂

3a Singdrossel △

1b Amsel, ♀ am Nest

3b Rotdrossel

2 Wacholderdrossel

4 Misteldrossel △

1 Kohlmeise

(Parus major) Fam.: Meisen

L 14 cm M 18 g Jan. – Dez.

Unverwechselbar. Gesang dreisilbig „zizibä-zizibä-zizibä“; Lockruf (ähnlich Buchfink) „pink pink“ („Finkmeise“) oder „dzä-dzä“.

Öko: Die Kohlmeise ist neben der Amsel unser häufigster einheimischer Kleinvogel. Sie besiedelt städtische und naturnahe Lebensräume aller Art. Als Höhlenbrüter benötigt sie alten Baumbestand, nimmt jedoch auch Nistkästen als Brutplatz an. Sie ernährt sich im Sommer überwiegend von Insekten, daneben frisst sie auch Beeren. Im Winter bevorzugt sie ölhaltige Samen.

Übrigens: Als sehr anpassungsfähige Art brütet die Kohlmeise sogar in Zaunrohren, Briefkästen und anderen künstlichen Nischen und Höhlen. Sie ist mit vielen Rassen (Unterarten) über ganz Europa und Asien verbreitet.

K1/2 G2–3/8–10 Ja A 15

2 Tannenmeise

(Parus ater) Fam.: Meisen

L 11 cm M 10 g Jan. – Dez.

Erinnert an eine kleine Kohlmeise, jedoch Bauch weiß; Nacken mit länglichem weißem Fleck. Gesang einfach und wenig kräftig „wize-wize-wize“; Lockruf ähnlich Goldhähnchen (S. 43) „tsi“ oder „sissi-sissi“.

Öko: Die Tannenmeise gehört mit Haubenmeise (S. 43) und Wintergoldhähnchen zu den Charakterarten der Nadelholzbestände (Name!). Sie kommt sehr häufig vor allem in Fichtenwäldern vor, ferner in Mischwäldern, auf Friedhöfen und in Parkanlagen mit hohem Nadelholzanteil. Von Frühjahr bis Herbst frisst sie überwiegend Insekten, im Winter Sämereien. Ihre Nester legen Tannenmeisen in Höhlen (Baumhöhlen, Nistkästen, Mauselöchern) aus Moosen und Flechten an.

Übrigens: Früher waren Tannenmeisen im Flachland selten. Mit der Bevorzugung der Fichte als Forst- und Gartenbaum haben sie sich in ganz Deutschland ausgebreitet.

K1/2 G2–3/6–12 Ja A 10

3 Blaumeise

(Parus caeruleus) Fam.: Meisen

L 11 cm M 11 g Jan. – Dez.

Kopfplatte, Flügel und Schwanz blau (Name!). Gesang kurz, beginnt mit „zi-zi“; Lockruf „zizizizit“ oder „schimpfend“ „zerre-tetet“.

Öko: Blaumeisen kommen häufig in Mischwäldern, Gärten und Parkanlagen vor. Von Frühjahr bis Herbst bilden Insekten ihre Nahrungsgrundlage, daneben fressen sie Beeren und Knospen, im Winter Sämereien. Das Nest wird ein bis zehn Meter über dem Boden in den verschiedensten Höhlen aus Moos und Grashalmen gebaut.

Übrigens: Blaumeisen sind auf Nistkästen mit kleinem Einflugloch angewiesen. Sie werden sonst von Kohlmeisen vertrieben. Im ländlichen Bereich hat man früher den Ruf der Blaumeise mit „Schiet in't Heu, schiet in't Heu“ oder „Sieh dich vor, sieh dich vor“ übersetzt.

K1/2 G2/7–13 Ja A 10

4 Sumpfmeise

(Parus palustris) Fam.: Meisen

L 11 cm M 11 g Jan. – Dez.

Klein, bräunlich, Kopfkappe und „Kinn“ schwarz. Von der sehr ähnlichen **Weidenmeise** *(P. montanus)* nur am Gesang gut zu unterscheiden: läutend „zi-wüd-zi-wüd“ oder klappernd „tji-tji“; Lockruf scharf „pistjä“ und „zjä-dä-dä“. Gesang der Weidenmeise gedehnt, abfallend „ziü-ziü“; Lockruf ein breites „däh“. △

Öko: Die Sumpfmeise kommt vor allem in lichten Laubwäldern, in Parkanlagen und auf Friedhöfen mit altem Baumbestand vor (Höhlenbrüter). Sie ernährt sich von Frühjahr bis Herbst überwiegend von Insekten, im Winter von kleinen Sämereien, die sie bei Überfluss auch in Verstecken sammelt.

Übrigens: Der Name „Sumpfmeise“ ist irreführend, da nicht sie, sondern die Weidenmeise bevorzugt in feuchten Wäldern brütet. Im Winter kommen beide Arten ans Futterhaus.

K1/2 G1/7–9 Ja A 11

1 Kohlmeise

2 Tannenmeise

3a Blaumeise

3b Blaumeise an einem Meisenknödel

4 Sumpfmeise △

1 Haubenmeise

(Parus cristatus) Fam.: Meisen

L 12 cm M 11 g Jan. – Dez.

Mit charakteristischer Haube (Name!). Ruf ein auffälliges schnurrendes „gürr“ oder „zigürr“.

Öko: Die Haubenmeise brütet vor allem in Nadel- und Mischwäldern, in Parkanlagen, auf Friedhöfen und in Gärten mit Nadelholzbeständen. Sie ernährt sich von Frühjahr bis Herbst überwiegend von Insekten, im Winter von Sämereien. Das Nest wird in den verschiedensten Höhlen (auch Nistkästen) und Nischen aus Moos und Grashalmen angelegt.

Übrigens: Haubenmeisen legen wie die Sumpfmeisen (S. 41) bei einem Überangebot von Sämereien „Depots“ in Baumverstecken an, die sie mit Moos und Rindenstückchen „tarnen“. Im Winter kommen sie ans Futterhaus.

K1/2 G1(–2)/7–10 Ja A9

2 Schwanzmeise

(Aegithalos caudatus) Fam.: Schwanzmeisen

L 14 cm M 9 g Jan. – Dez.

Bauch- und Kopfgefieder weißlich. Schwanz auffallend lang. (Die Tiere wirken wie lang geschwänzte Wattebäuschchen.) Sie turnen behende im Geäst umher. Lockruf ein trillerndes „tserrp“ und ein feines, helles „si-si“.

Öko: Schwanzmeisen kommen in erster Linie in lichten, feuchten Wäldern mit dichtem Unterholz vor, in Städten auch in Gärten, Parkanlagen und auf Friedhöfen. Während der Brutzeit besteht ihre Nahrung hauptsächlich aus Blattläusen und anderen Insekten. Im Winter fressen sie kleine Sämereien. Das kunstvolle kugelförmige Nest mit seitlichem Einflugloch wird gut geschützt z. B. in Brombeerhecken angelegt. Männchen und Weibchen bauen es innerhalb von etwa drei Wochen aus Haaren, Moos, Spinnweben, Flechten und Federn.

Übrigens: Im Winter kommen Schwanzmeisen auch ans Futterhaus. Dann kann man neben den mitteleuropäischen Formen mit breitem Kopfstreifen auch weißköpfige nord- und osteuropäische Schwanzmeisen beobachten.

K1/2 G1(–2)/7–9 Ja A8

3 Wintergoldhähnchen

(Regulus regulus) Fam.: Grasmücken

L 9 cm M 5,5 g Jan. – Dez.

Sehr kleiner, lebhafter Vogel. Scheitel gelb bis orangefarben. Lockruf ein hohes „si-si-si“. Das sehr ähnliche **Sommergoldhähnchen** *(R. ignicapillus)* hat einen weißen Augenstreif. △

Öko: Das Wintergoldhähnchen gehört zu den Charaktervögeln der Nadelwälder. In Städten kommt es in Parks, auf Friedhöfen und in Gärten mit Nadelhölzern vor. Das seltenere Sommergoldhähnchen ist nicht an Nadelgehölze gebunden, es kommt auch in Laubwäldern vor. Goldhähnchen ernähren sich von Frühjahr bis Herbst überwiegend von kleinen Insekten und im Winter auch von Sämereien. Das Nest aus Moos, Flechten und Haaren wird, kunstvoll in Fichtenzweige eingewoben, schwebend aufgehängt.

Übrigens: Wintergoldhähnchen kann man – oft in Gesellschaft von Meisen – auch im Winter beobachten (Name!). Das Sommergoldhähnchen ist nur im Sommer bei uns. Goldhähnchen sind die kleinsten europäischen Vögel.

K2 G2/7–11 Ja (So) A 11

4 Zilpzalp

(Phylloscopus collybita) Fam.: Grasmücken

L 11 cm M 10 g März – Okt.

Klein, unauffällig gefärbt. Rücken graugrün; Unterseite hell. Gesang „zilp-zalp“. Der **Fitis** *(Ph. trochilus)* beginnt seine buchfinkenähnliche Gesangstrophe mit „tititi-dje“, die des **Waldlaubsängers** *(Ph. sibilatrix)* endet mit einem Schwirren. △

Öko: Der Zilpzalp bewohnt lichte Wälder, Waldränder, Hecken, Parks und Gärten mit Bäumen und Sträuchern. Er frisst – wie alle Laubsänger – überwiegend kleine Insekten. Das Nest wird zumeist nahe am Boden in dichtem Gebüsch aus Blättern, trockenen Grashalmen und Moos angelegt.

Übrigens: Der Zilpzalp wird auch „Weiden-Laubsänger“ genannt. Er überwintert im Mittelmeerraum und in Nordafrika.

K2 G1–2/5–6 So A8

1 Haubenmeise

2a Schwanzmeisen

2b Schwanzmeise, weißköpfig

3 Wintergoldhähnchen △

4 Zilpzalp △

1 Trauerfliegenschnäpper

(Ficedula hypoleuca) Fam.: Sänger

L 13 cm M 13 g Mai – Juli

♂ zur Brutzeit schwarz-weiß gezeichnet; ♀ bräunlich weiß. Gesang hoch „wu-ti-wu-ti ...", manchmal mit eingestreutem Triller; Rufe „bitt" oder „tik-tik".

Öko: Der Trauerfliegenschnäpper bewohnt lichte Nadel- und Mischwälder, aber auch Parkanlagen, Friedhöfe und Gärten. Wie der Name sagt, fängt er vor allem Fliegen und andere kleine Insekten, die er im Flug von einer Warte aus mit seinem pinzettenförmigen Schnabel erbeutet („schnappt") oder von den Blättern abliest. Das kunstlose Nest wird in Baumhöhlen, vor allem in Spechthöhlen, oder – ersatzweise – in Nistkästen angelegt.

Übrigens: Trauerfliegenschnäpper heißt er wegen der schwarz-weißen Färbung der Männchen. Der **Graue Fliegenschnäpper** *(F. striata)*, ein Kulturfolger der Gärten, der auch am Haus brütet, hat ein graubraunes Rückengefieder, Brust und Stirn sind gestrichelt.

K2 G2/5 – 7 So A 11

2 Gartengrasmücke

(Sylvia borin) Fam.: Grasmücken

L 14 cm M 20 g Mai – Okt.

Unauffällig graubraun gefärbt. Gesang melodiös, ähnlich dem der Amsel, jedoch leiser. Die **Klappergrasmücke** *(S. curruca)* hat dunkle Wangen; ihr Gesang ist ein charakteristisches „Klappern" auf einer Tonhöhe. Die **Dorngrasmücke** (*S. communis*; RLV) hat rötlich braune Flügel und eine leuchtend weiße Kehle. Ihr Gesang ist ein kurzes, wenig melodisches Zwitschern. Der typische Lockruf der Grasmücken „täck-täck" erinnert an das Geräusch, das beim Aneinanderschlagen von zwei Kieselsteinen entsteht. △

Öko: Die Gartengrasmücke bewohnt Feldhecken, Gebüschstreifen an Gewässern, Waldränder, Gärten, Parks und Friedhöfe. Sie frisst – wie alle Grasmücken – überwiegend kleine Insekten und andere Gliederfüßer, daneben auch kleine Früchte. Ihre relativ großen Nester bauen die Gartengrasmücken locker aus trockenen Grashalmen und Moos in den Astgabeln von dichten Sträuchern.

Übrigens: Das Zugverhalten der Gartengrasmücke ist besonders gut untersucht: Im Herbst ziehen sie nach Südwesten, überqueren von Spanien aus das Mittelmeer, ziehen dann nach Südosten in ihre Überwinterungsgebiete südlich des Äquators. Im Frühjahr ziehen sie nach Norden, überqueren dabei das zentrale Mittelmeer im Non-Stop-Flug. Dieser „Kreiszug" stellt ein besonderes Zugverhalten dar.

Der Name „Grasmücke" soll sich von „ins Gras schmiegen" ableiten. In Deutschland wurden sie aufgrund ihres Verhaltens früher „Heckenschlüpfer", in England „Nesselschlüpfer" genannt. In Gefangenschaft können die Vögel sehr alt werden (Garten- und Mönchsgrasmücken bis zu 24 Jahre).

K2 G1 – 2/4 – 6 So A 10

3 Mönchsgrasmücke

(Sylvia atricapilla) Fam.: Grasmücken

L 14 cm M 20 g April – Okt.

Gefieder braungrau. ♂ mit schwarzer (Name!), ♀ mit rötlich brauner Kopfplatte. Gesang zwitschernd, kürzer als bei der Gartengrasmücke, mit einem vollen Flötenton am Ende.

Öko: Lebensräume unserer häufigsten Grasmücke sind lichte Wälder mit Unterholz, gehölzreiche Gärten, Friedhöfe, Parks und Feldhecken. Sie ernährt sich überwiegend von kleinen Insekten, zusätzlich auch von Schnecken und Früchten. Das kompakte Nest wird in dichten Hecken oder auch in Brennnesselbeständen überwiegend bodennah aus trockenen Halmen geflochten und mit Raupengespinsten verfilzt.

Übrigens: Unsere Mönchsgrasmücken haben zum Teil ihr Zugverhalten geändert: Viele überwintern heute in Südwestengland und in der Bretagne und nicht mehr im Mittelmeerraum. Die Männchen lassen sich mit Klangattrappen (Kassette mit längerer Gesangsaufnahme) zu Beginn der Balzzeit (bis Mitte Mai) besonders gut anlocken und beobachten.

K2 G2/4 – 5 So A 8

1a Trauerfliegenschnäpper, ♂

2a Gartengrasmücke △

1b Trauerfliegenschnäpper, ♀

1c Grauer Fliegenschnäpper

2b Klappergrasmücke △

2c Dorngrasmücke △

3 Mönchsgrasmücke, ♂/Kopf des ♀

1 Feldlerche

(Alauda arvensis) Fam.: Lerchen

L 18 cm M 30 g März – Okt.

Tarnfärbung der Bodenbrüter. Gesang ausdauernd, trillernd, melodiös; wird im Flug vorgetragen. Die **Haubenlerche** *(A. cristatus)* hat eine ausgeprägtere Haube (Name!).

Öko: Als Kulturfolger der „Agrarsteppen" bewohnt die Feldlerche vor allem Getreidefelder und extensiv bewirtschaftete Wiesen. Sie ernährt sich überwiegend von Sämereien, während der Brutzeit auch von Insekten und anderen kleinen Bodentieren. Feldlerchen legen ihre Nester auf dem Boden aus Halmen und Blattstückchen an (Bodenbrüter) und polstern die Nestmulde mit Tierhaaren aus. Die Haubenlerche ist auf Ruderalflächen in Siedlungen anzutreffen.

Übrigens: Früher war die Feldlerche sehr häufig. Infolge der intensiven Landwirtschaft nehmen die Bestände immer weiter ab (Vergiftung durch Pflanzenschutzmittel; zu große Halmdichte gefährdet den Nestbau). In ihren Winterquartieren in Südfrankreich wird sie zudem immer noch bejagt.

K1 G2(–3)/3–5 So A 9 RLV

2 Rohrammer

(Emberiza schoeniclus) Fam.: Ammern

L 15 cm M 23 g Jan. – Dez.

Sperlingsfarbig; ♂ mit schwarzem Kopf und schwarzer Kehle; ♀ bräunlich, mit schwarz-weißem Bartstreif. Gesang kurz und wenig melodiös; Lockruf „zieh".

Öko: Die Rohrammer ist ein Charaktervogel der Röhrichte und des Weidendickichts vor allem größerer stehender Gewässer und Sumpfgebiete. Während der Brutzeit frisst sie überwiegend Insekten und andere Kleintiere, im Winter Sämereien. Dann trifft man sie auch auf Feldern an. Sie brütet versteckt am Boden oder bodennah im Weidendickicht, im Schilf, in Seggenbeständen und in Hecken.

Übrigens: Aufgrund ihrer Ähnlichkeit mit Sperlingen wird die häufige Rohrammer auch als „Rohrspatz" bezeichnet.

K1/2 G2/5–6 Ja A 11

3 Nachtigall

(Luscinia megarhynchos) Fam.: Sänger

L 17 cm M 24 g April – Sept.

Bräunlich, mit rötlichem Schwanz. Gesang kräftig, sehr melodiös, mit flötenden (z. B. „dü-dü-dü") und schluchzenden Motiven; Lockruf ein feines „huit". Der nahe verwandte **Sprosser** *(L. luscinia)* hat eine gefleckte Brust. Er „vertritt" die Nachtigall in Nordostdeutschland. △

Öko: Nachtigall und Sprosser bevorzugen dichtes Unterholz am Ufer von Wassergräben und Gewässern. Sie ernähren sich überwiegend von Kleintieren des Bodens, ferner von Beeren. Sie brüten nahe am Boden. Das Nest wird aus Laub, Halmen und Moos angelegt.

Übrigens: Die Nachtigall lässt ihren schönen, lauten Gesang auch bei Nacht hören (Name!). Schon bei Griechen und Römern wurde dieser Gesang so sehr geschätzt, dass Nachtigallen nicht gejagt werden durften.

K2 G1–2/4–6 So A 9

4 Sumpfrohrsänger

(Acrocephalus palustris) Fam.: Grasmücken

L 14 cm M 13 g Mai – Sept.

Unscheinbar bräunlich. Gesang sehr vielfältig, mit verblüffenden Nachahmungen zahlreicher Kleinvögel aus dem Umfeld (u. a. Feldsperling, Feldlerche, Hänfling, Schwalben); Lockruf „kärr". Der **Gelbspötter** *(Hippolais icterina)* hat eine gelbliche Brust (Name!), Gesang ähnlich. Der **Teichrohrsängers** *(A. scirpaceus)* singt unmelodiös „tschirrak-tschirrak", „djäg-djäg-djäg". △

Öko: Im Gegensatz zu den anderen Rohrsängern ist der Sumpfrohrsänger nicht an das Wasser gebunden. Er bewohnt vor allem gebüschreiche Ruderalflächen mit ausgedehnten Brennnesselfluren, auch innerhalb von Ortschaften. Er frisst, wie die übrigen Rohrsänger und der Gelbspötter, überwiegend Insekten.

Übrigens: Das Nest aus Halmen und Blättern wird nach „Rohrsängerart" in mehrere Stängel eingeflochten. Der Sumpfrohrsänger ist ein häufiger Kuckuckswirt.

K2 G1/4–5 So A 9

1 Feldlerche/Kopf der Haubenlerche

2a Rohrammer, ♂

2b Rohrammer, ♀ am Nest

3 Nachtigall △

4a Sumpfrohrsänger △

4b Gelbspötter

1 Bachstelze

(Motacilla alba) Fam.: Stelzen

L 18 cm M 22 g März – Okt.

Gesang unscheinbar; Lockruf „zisitt".

Öko: Die Bachstelze ist wenig ans Wasser gebunden. Kleine Wasserflächen reichen ihr aus. Zur Brutzeit kann man sie häufig in Dörfern beobachten, vor allem „trippelnd" auf Wegen und dem Dachfirst von Häusern. Dabei wippt sie ständig mit dem Schwanz („Wippsteert"). Sie ernährt sich ausschließlich von Kleintieren, insbesondere von Insekten, die sie „im Sprung" erbeutet. Als Nistplatz wählt sie Mauerlöcher und andere Nischen. Das Nest wird aus kleinen Zweigen, Halmen, Blattstückchen und Moos kunstlos angelegt.

Übrigens: Die Bezeichnung „Stelze" tragen die Vögel aufgrund ihrer langen Beine.

K2 G2 – 3/5 – 6 So A 10

2 Gebirgsstelze

(Motacilla cinerea) Fam.: Stelzen

L 18 cm M 18 g Jan. – Dez.

♂ ähnlich Bachstelze, jedoch mit gelbem Bauch. Gesang und Lockruf ähnlich Bachstelze. Das Gebirgsstelzen-♀ kann mit der **Schafstelze** *(M. flava)* verwechselt werden. Diese hat jedoch einen olivgrünen Rücken.

Öko: Die Gebirgsstelze ist – wie die Wasseramsel, mit der sie oft zusammen vorkommt – an kleine Fließgewässer, vor allem an Bachläufe, gebunden. Auch innerhalb von Ortschaften ist sie anzutreffen. Sie frisst ausschließlich kleine Insekten und kleine Krebse, z. B. Bachflohkrebse. Das Nest baut sie meist in bodennahen Nischen in unmittelbarer Gewässernähe aus kleinen Zweigen, Halmen, Blättern und Moos. Die Schafstelze (RLV) ist ein Charaktervogel der extensiv bewirtschafteten Weiden (Name!). Nur hier kommt der auffällige Vogel derzeit noch regelmäßig vor.

Übrigens: Lange, kalte Winter, in denen die Gebirgsstelzen nicht genug Nahrung finden, können fast den gesamten Bestand vernichten.

K2 G2/5 – 6 Ja A 8

3 Wasseramsel

(Cinclus cinclus) Fam.: Wasseramseln

L 18 cm M 60 g Jan. – Dez.

Schwarzbraun mit leuchtend weißer Brust, Gesang ein schwatzendes Zwitschern mit eingestreuten Tönen und Trillern („Wasserschmätzer"); Ruf im Sitzen „zizi", im Fluge „zerrb".

Öko: Die Wasseramsel kommt besonders häufig an sauberen Bächen im Mittelgebirge vor. Hier brütet sie auch innerhalb der Ortschaften. Sie ernährt sich ausschließlich von Kleintieren, vor allem von Wasserinsekten, wie z. B. Steinfliegen, Eintagsfliegen und Köcherfliegenlarven, daneben von Bachflohkrebsen und Kleinfischen. Das kugelförmige Nest aus Moos und Gras wird bodennah in Nischen in unmittelbarer Gewässernähe angelegt.

Übrigens: Mit kräftigen Flügelschlägen schwimmt die Wasseramsel unter Wasser und dreht auf der Suche nach Nahrungstieren die Steinchen um. Extrem kalte Winter führen zu hohen Verlusten.

K2 G1 – 2/4 – 6 Ja A 8

4 Eisvogel

(Alcedo atthis) Fam.: Eisvögel

L 17 cm M 40 g Jan. – Dez.

Der „fliegende Edelstein" (Smaragd) wirkt exotisch. Ruf durchdringend „tiht".

Öko: Der Eisvogel ist Brutvogel von Gewässern, die über steile Ufer verfügen. Er erbeutet überwiegend Kleinfische, ferner Krebse, Wasserinsekten und Wasserschnecken. Die unverdaulichen Reste seiner Mahlzeiten würgt er als Gewölle wieder aus. Zum Teil verwendet er sie als Nistmaterial. Eisvögel graben bis zu einen Meter tiefe Gänge in die Uferwände, die am Ende zu einer Nistkammer erweitert werden.

Übrigens: Das Füttern der jungen Eisvögel erfolgt nach dem „Revolverprinzip": der Gefütterte rückt nach links, so dass der nächste nachrücken kann. Kalte, lange Winter können fast den gesamten Bestand vernichten. Die meisten Eisvogelarten kommen in den tropisch-subtropischen Gebieten vor („kingfisher").

K2 G2/6 – 8 Ja A 15 RLV

1 Bachstelzen am Nest

2a Gebirgsstelze, ♂

2b Gebirgsstelze, ♀ am Nest

2c Schafstelze, ♂

3 Wasseramsel

4 Eisvogel

1 Gartenbaumläufer

(Certhia brachydactyla) Fam.: Baumläufer

L 12 cm M 10 g Jan. – Dez.

Uneinheitlich braun, unterseits weißlich. Schnabel lang, gebogen. Der Vogel wirkt beim Klettern wie eine Maus, die behende den Baum hinauf läuft. Ruf bei Gefahr und Erregung „tüit". △

Öko: Der Gartenbaumläufer lebt in Parks, kleinen Wäldern, Alleen und Gärten mit Baumbestand. Seine Nahrung besteht aus Kleininsekten und Spinnen. Er sucht sie, indem er Stämme oder Äste hinauf läuft und die Spalten der Rinde kontrolliert. Der Schwanz dient dabei als Stütze. Im Winter frisst der Gartenbaumläufer auch kleine Samen. Er kommt dann auch ans Futterhaus. Sein Nest legt er in Spalten in der Borke von Bäumen oder in kleinen Höhlungen an. Innen ist es mit Federn ausgepolstert.

Übrigens: An kalten Wintertagen übernachten oft mehrere Baumläufer gemeinsam in geschützten Höhlen.

K2 G 1 – 2/5 – 6 Ja A 6

2 Kleiber

(Sitta europaea) Fam.: Kleiber

L 14 cm M 24 g Jan. – Dez.

Gestalt gedrungen; oberseits blaugrau, unterseits weißlich und rostfarben; deutlicher schwarzer Augenstreif. Der Vogel klettert an Bäumen auf und ab und stößt in rascher Reihenfolge laute Pfiffe aus („tuit-tuit").

Öko: Der Kleiber bewohnt Mischwälder, Parks, Alleen, Friedhöfe und Gärten mit Baumbestand. Im Sommer besteht seine Nahrung vor allem aus Spinnen und Insekten. Im Winter frisst er Samen und Nüsse. Dann kann man ihn auch am Futterhaus beobachten. Kleiber brüten in Baumhöhlen, die sie sich nur selten selber zimmern. Den Eingang der Bruthöhlen – meist verlassene Spechthöhlen – kleben die Vögel bis auf ein kleines Loch mit Lehm und Speichel zu („Kleber").

Übrigens: Der Kleiber kann, im Gegensatz zum Baumläufer, auch kopfabwärts am Stamm hinunterlaufen.

K1/2 G 1/6 – 7 Ja A 9

3 Großer Buntspecht

(Picoides major) Fam.: Spechte

L 23 cm M 100 g Jan. – Dez.

Rücken schwarz mit weißen Schulterflecken; Bauch rot. Typisches Balztrommeln. Ruf ein hartes und lautes „kick". Der Rücken des viel kleineren **Kleinspechts** *(P. minor)* ist gebändert.

Öko: Der Große Buntspecht lebt in Wäldern, Parks und Gärten. Unter der Rinde der Bäume und im Holz sucht er nach Insekten und ihren Larven. Im Herbst frisst er auch Nüsse und die Samen von Nadelbäumen. Um an diese heranzukommen, klemmt er die Zapfen in einen Baumspalt, wo er sie aufschlägt (Spechtschmiede). Im Winter kommt er auch ans Futterhaus. Die Eier werden in alten oder neu gemeißelten Baumhöhlen ohne Nistmaterial abgelegt.

Übrigens: Die lange und biegsame Zunge der Spechte ist mit einer Hornspitze versehen, die Widerhaken hat. Damit können die Vögel Insektenlarven aus dem Holz herausholen.

K2 G 1/5 – 7 Ja A 9

4 Grünspecht

(Picus viridis) Fam.: Spechte

L 32 cm M 200 g Jan. – Dez.

Graugrün; Bürzel gelb; Scheitel leuchtend rot. Ruf laut „kjü-kjü-kjü" auf gleich bleibender Tonhöhe; hört sich wie ein Lachen an. △

Öko: Der Grünspecht ist ein Vogel der offenen Parklandschaft und der Stadtparks. Seine Nahrung, vor allem Ameisen, sucht er am Boden. Die Eier legt er in selbst gezimmerte Baumhöhlen.

Übrigens: Der wesentlich größere **Schwarzspecht** *(P. martius)* hat eine leuchtend rote Kopfplatte. Eine Sage berichtet: Verschließt man die Bruthöhle eines Schwarzspechts, so besorgt sich der Specht eine „Springwurzel", mit deren Hilfe er den Keil herausspringen lässt. Erschreckt man nun den Vogel, so lässt er die Wurzel fallen und man kann sie zum Öffnen verborgener Schatzkammern nutzen.

K2 G 1/5 – 8 Ja A 7 RL3

1 Gartenbaumläufer △

2 Kleiber

3a Großer Buntspecht, ♂

3b Kleinspecht, ♂ △

4a Grünspecht, ♂ △

4b Schwarzspecht, ♂

1 Aaskrähe

(Corvus corone) Fam.: Rabenvögel

L 47 cm M 550 g Jan. – Dez.

Es gibt zwei verschiedene Rassen: Rabenkrähe vollkommen schwarz; Nebelkrähe schwarz, Rücken, Nacken und Unterseite aber grau. Ruf laut „krah-krah". Die **Saatkrähe** *(C. frugilegus)* hat ein metallisch blau schimmerndes schwarzes Gefieder und einen hellen Schnabelgrund. Der **Kolkrabe** *(C. corax)* ist erheblich größer als die Krähenarten. Er ruft mit tiefer Stimme „korr".

Öko: Die anpassungsfähigen Aaskrähen leben in baumbestandenem Kulturland, in Wäldern und Siedlungen. Sie fressen Samen, Abfälle aber auch Kleintiere, Eier und Aas. Ihre Nester legen sie in hohen Bäumen an. Die Rabenkrähe brütet westlich der Elbe, die Nebelkrähe östlich davon. Im Winter sammeln sich Nebelkrähen und Saatkrähen zu größeren Trupps und suchen dann auf Äckern und Mülldeponien nach Futter.

Übrigens: Früher galten alle schwarzen Vögel als Unglücksbringer. Misstrauen und eine unbegründete Abneigung gegen Raben und Krähen sind auch heute noch bei vielen Menschen vorhanden.

K1/2 G 1/2 – 6 Ja/Wi A 19 J

2 Dohle

(Corvus monedula) Fam.: Rabenvögel

L 33 cm M 230 g Jan. – Dez.

Kleiner als Rabenkrähe. Nacken grau, Gesicht dunkel. Ruf „kjack".

Öko: Dohlen sind gesellige Vögel. Man kann sie in Wäldern und Parks mit altem Baumbestand, aber auch an Felsen, Ruinen und an Häusern beobachten. Sie sind ausgesprochene Kulturfolger und nisten kolonienweise in Höhlen, Nischen und sogar in Schornsteinen. Dohlen fressen Körner, Früchte und Samen, außerdem kleine Insekten, Würmer und Schnecken.

Übrigens: Wie alle Rabenartigen sind auch die Dohlen sehr gelehrige Tiere, die sogar die menschliche Sprache nachahmen können.

K1/2 G1/4 – 7 Ja A 18

3 Elster

(Pica pica) Fam.: Rabenvögel

L 46 cm M 230 g Jan. – Dez.

Unverwechselbar; schwarz-weiß mit langem Schwanz. Ruf ein lautes „Schackern".

Öko: Elstern sind Kulturfolger. Man trifft sie vor allem in Siedlungsbereichen und kleinen Wäldern an. Aus kleinen Zweigen bauen sie in Bäumen und Büschen große überdachte „Kugelnester". Hauptnahrung der Elstern sind kleine Tiere wie Regenwürmer und Insekten, daneben fressen sie auch Eier, Jungvögel und Aas. Außerdem stehen Sämereien und Beeren auf ihrem Speiseplan. Fressfeind der Elster ist in erster Linie der Habicht.

Übrigens: Erzählungen über die „diebische Elster", die Schmuck, Münzen und Brillen in ihr Nest trägt, sind frei erfunden. Bei Elstern in Gefangenschaft kann man allerdings ein besonderes Interesse an glänzenden Gegenständen beobachten.

K2 G1/3 – 9 Ja A 15 J

4 Eichelhäher

(Garullus glandarius) Fam.: Rabenvögel

L 34 cm M 170 g Jan. – Dez.

Rötlich braun mit blauem Flügelspiegel und schwarzem Bartstreif. Im Flug wird der weiße Bürzel sichtbar. Warnruf ein lautes „kräätsch, kräätsch".

Öko: Der Eichelhäher ist ein häufiger Vogel unserer Nadel- und Mischwälder. Meist wird man erst durch seine lauten Warnrufe auf ihn aufmerksam. Der Vogel sucht auf dem Boden nach Nüssen, Bucheckern und vor allem nach Eicheln. Er nimmt auch Insekten zu sich und holt aus Nestern Eier und Jungvögel. Sein Nest baut er in mittlerer Höhe vor allem in Nadelbäumen.

Übrigens: In seinen Kehlsack kann der Eichelhäher bis zu zwölf Eicheln aufnehmen. Man hat berechnet, dass ein Vogel jährlich bis zu 40 000 Eicheln transportiert. Diese versteckt er, und da er nur einen Teil davon wiederfindet, trägt er zur natürlichen Verjüngung der Wälder bei.

K1/2 G1/3 – 7 Ja A 18 J

1a Aaskrähe: Rabenkrähe

1b Aaskrähe: Nebelkrähe

1c Saatkrähe

1d Kolkrabe

2 Dohle

3 Elster

4 Eichelhäher

1 Haustaube

(Columba livia) Fam.: Tauben

L 33 cm M 350 g Jan. – Dez.

Sehr unterschiedlich gefärbt; Grundfärbung häufig blaugrau, Bürzel weiß.

Öko: Die verwilderten Haustauben sind klassische Kulturfolger der Innenstädte. Sie leben von Samen und Früchten und nicht zuletzt von dem Futter, das Menschen für die Vögel ausstreuen. Mitunter fressen sie auch kleinere Tiere. Haustauben brüten in Nischen und an Vorsprüngen höherer Gebäude – selbst hinter Leuchtreklamen sind ihre Nester zu finden. In vielen Städten haben sie sich stark vermehrt. Mit ihrem Kot verschmutzen sie Gebäude und Plätze und werden so vielfach zum Problem.

Übrigens: Die zahlreichen Rassen von Haus- und Brieftauben stammen von der heute seltenen Felsentaube ab. Diese kommt in Westeuropa und im Mittelmeergebiet vor. Sie brütet gesellig an Felswänden.

K1 G6/2 Ja A20 Neo

2 Ringeltaube

(Columba palumbus) Fam.: Tauben

L 40 cm M 600 g Jan. – Dez.

Blaugrau mit einem großen weißen Fleck auf jeder Seite des Halses. Ruf ein tiefes vier- bis fünfsilbiges „gugugu-gugu“. Der ähnlichen **Hohltaube** *(C. oenas)* fehlt das Weiß im Gefieder. Sie ruft mit tiefer Stimme „hu-ru“.

Öko: Die Ringeltaube ist ein Kulturfolger. Sie kommt in Wäldern, Parks und in Gärten mit Baumbestand vor. Ihre Nahrung sucht sie am Boden. Sie besteht aus Samen, Früchten und Blättern. Ringeltauben legen ihre einfachen, flachen Nester in Bäumen an. Sie brüten sogar auf Alleebäumen innerhalb von Städten, selbst an verkehrsreichen Straßen. Bis in den Dezember hinein kann man noch brütende Tauben beobachten. Die Hohltaube ist ein Waldvogel. Sie brütet gern in Schwarzspechthöhlen.

Übrigens: Die weißen Flecken an den Halsseiten der Ringeltaube täuschen einen Ring vor. Daher rührt der Name des Vogels.

K1 G2–4 Ja A13

3 Türkentaube

(Streptopelia decaocto) Fam.: Tauben

L 28 cm M 260 g Jan. – Dez.

Insgesamt hellbraun, mit schwarzem Nackenring. Ruf ein helles „gu-guu gu“. Die ähnliche **Turteltaube** *(S. turtur)* hat an jeder Halsseite schwarz-weiß gestreifte Flecken. Ruf: „turr, turr-turr“.

Öko: Als Kulturfolger sind Türkentauben häufige Brutvögel im Siedlungsbereich. Ihre Nester findet man an Gebäuden und auf Bäumen. Die Vögel fressen Samen, Beeren, grüne Blätter, selten auch kleine Insekten. Im Winter bilden sie Schwärme, die in Parks, an Hafenanlagen, Getreidespeichern oder auf Hühnerhöfen nach Futter suchen.

Übrigens: Die ursprüngliche Heimat der Türkentaube ist Kleinasien. Über den Balkan wanderte sie nach Mittel-, Ost- und Nordeuropa ein. Im Jahre 1945 wurden die ersten Türkentauben in Deutschland nachgewiesen, 1963 hatten sie den Polarkreis erreicht.

K1 G2–4 2 Ja A14 J Neo

4 Fasan

(Phasianus colchicus) Fam.: Hühner

L 89 cm M 1,5 kg Jan. – Dez.

♂ mit buntem Gefieder und langen Schwanzfedern. ♀ etwas kleiner, unscheinbar. Ruf laut „körrk-kock“.

Öko: Fasane sind an Waldrändern, im buschigen Gelände am Rande der Felder und in Parklandschaften anzutreffen. Ihre vielfältige Nahrung besteht aus Samen, Beeren und anderen Pflanzenteilen sowie aus Insekten. Fasane sind gute Läufer, sie fliegen nicht gerne. Zum Schlafen setzen sie sich auf Bäume oder Sträucher. Die Henne legt das Nest gut getarnt am Boden an. Ein Hahn hat mehrere Weibchen.

Übrigens: Der Fasan stammt aus Asien. Seit dem Mittelalter wurde er für die Jagd ausgesetzt, er wird deshalb auch „Jagdfasan“ genannt. Das **Rebhuhn** (*Perdix perdix*; RL2) ist kleiner, hat einen kurzen Schwanz und wirkt dadurch rundlich.

K1/2 G1/8–12 Ja A8 Ar J

1 Haustauben

2a Ringeltaube

3a Türkentaube

3b Turteltaube

2b Hohltaube

4a Fasan, ♀ (unten) und ♂

4b Rebhuhn, ♂

1 Kuckuck

(Cuculus canorus) Fam.: Kuckucke

L 33 cm M 130 g April – Sept.

Oberseits blaugrau; unterseits weißlich mit dunkelgrauer Bänderung. Schwanz lang; Flügel spitz. Ruf „kuckuck".

Öko: Lebensraum des Kuckucks sind Wälder, Moor- und Heideflächen. Auf seinem Speiseplan stehen fast ausschließlich Insekten, selbst stark behaarte Schmetterlingsraupen verschmäht er nicht. Der Kuckuck ist ein Brutschmarotzer. Er legt anderen Vögeln seine Eier ins Nest, so dass diese sie ausbrüten. Der junge Kuckuck wirft Eier und Junge der Wirtsvögel aus dem Nest. Kuckuckswirte sind vor allem Bachstelzen und Rohrsänger. Den Winter verbringt der Kuckuck in Afrika.

Übrigens: Sobald man im Frühjahr den ersten Ruf des Kuckucks hört, soll man die Geldbörse schütteln, dann hat man das ganze Jahr über Geld in der Tasche. Das zumindest sagt der Volksglaube. Einst wurde der Teufel auch „Kuckuck" genannt. Daher stammt die Redensart „Hol's der Kuckuck".

K2 G – /9 – 22 So A 13 RLV

2 Schleiereule

(Tyto alba) Fam.: Eulen

L 34 cm M 480 g Jan. – Dez.

Hell, ohne Federohren; Gesicht weiß, herzförmig. Rufe der Jungen „schnarchend".

Öko: Schleiereulen brüten in Kirchtürmen, Scheunen und auf Dachböden. Bevorzugt in offenem Gelände mit einzelnen Bäumen machen sie nachts Jagd auf Kleinsäuger, vor allem Mäuse. Unverdauliches, wie Knochen, Zähne und Haare, würgen sie (wie alle Eulen) in Gewöllen wieder aus. Die Eier werden auf den nackten Boden oder eine Schicht alter Gewölle gelegt.

Übrigens: Schleiereulen können keine Fettdepots anlegen. Deshalb kann sich ihr Bestand in harten Wintern stark verringern. Häufig werden die Vögel auch Opfer von Zusammenstößen mit Autos. Früher nagelte man gegen Blitzschlag eine tote Schleiereule an die Scheunentür.

K2 G1 – 2/4 – 7 Ja A 21 RL3

3 Waldkauz

(Strix aluco) Fam.: Eulen

L 38 cm M 660 g Jan. – Dez.

Groß, gedrungen, ohne Federohren. Augen schwarz. Ruf in der Nacht ein lang gezogenes „huuu-hu-uuuuuu"; häufig auch ein schrilles „kuit".

Öko: Der Waldkauz kommt in Wäldern, in Parkanlagen und auf Friedhöfen mit altem Baumbestand vor. In der Nacht jagt er in seinem Revier Mäuse, Ratten und Insekten, daneben auch Vögel. Die Jungen werden außerdem mit Regenwürmern gefüttert. Die Vögel brüten in Baumhöhlen sowie in alten Krähen- und Greifvogelnestern.

Übrigens: Das nächtliche „Geheul" des Waldkauzes hört sich unheimlich an. Der Ruf „kuit" wurde als „Komm mit" verstanden und ängstigte vor allem kranke Menschen. So kam der Waldkauz in den Ruf des „Totenvogels".

K2 G1/3 – 5 Ja A 18

4 Waldohreule

(Asio otus) Fam.: Eulen

L 36 cm M 370 g Jan. – Dez.

Lange Federohren. Augen orangerot. Ruf ein kurzes „huh", das häufig „stotternd" wiederholt wird.

Öko: Die Waldohreule bevorzugt Nadelwälder, kommt aber auch auf Friedhöfen und in Parkanlagen vor. Am Tage sitzt sie eng an den Stamm gepresst. Aufgrund ihrer Färbung ist sie dann kaum zu entdecken. Die Schlafbäume der Waldohreulen erkennt man an den Gewöllen, die darunter liegen. In der Nacht jagen sie nach Wühlmäusen, auch Vögel gehören zur Beute. Die Waldohreule legt ihre Eier zumeist in alte Krähen- und Elsternester. Im Winter bilden zahlreiche Tiere Schlafgemeinschaften.

Übrigens: Die Federohren haben für das Hören keine Bedeutung. Wird eine schlafende Eule von tagaktiven Vögeln entdeckt, so veranstalten diese so lange ein großes Geschrei, bis die Eule abfliegt. Man bezeichnet dieses Verhalten als „Hassen". Es ist angeboren.

K2 G1/4 – 5 Ja A 27

1 Kuckuck am Nest eines Wirtsvogels

2a Schleiereule

2b Schleiereule mit Jungen

3 Waldkauz

4 Waldohreule

1 Mäusebussard

(Buteo buteo) Fam.: Greifvögel

L 56 cm M 1,4 kg Jan.–Dez.

Gefiederfärbung variabel, von dunkelbraun bis hell weißlich. Im Flug an breiten Flügeln und breit gefächertem Schwanz zu erkennen. Ruf miauend „hiää". △

Öko: Der Mäusebussard benötigt Wälder als Brutplatz und die offene Landschaft als Nahrungsrevier. Bei der Jagd kreisen Bussarde oder sitzen auf einem erhöhten Aussichtspunkt. Beutetiere, vor allem Wühlmäuse, werden aus dem Gleitflug vom Boden aufgegriffen. Bussarde fressen auch Aas; sie sitzen deshalb oft an viel befahrenen Autostraßen. Das Nest wird in hohen Bäumen angelegt.

Übrigens: Möglicherweise hat der katzenähnliche Ruf dem Vogel den Namen „Buss-Aar" (Katzen-Adler) eingetragen. Daraus soll später der Name „Bussard" entstanden sein.

K2 G1/1–5 Ja/Wi A 25 J

2 Sperber

(Accipiter nisus) Fam.: Greifvögel

L 38 cm M ♂ 190 g/♀ 340 g Jan.–Dez.

♂ mit quergestreifter Brust und grauem Rücken. ♀ viel größer und braun. Im Flug an den kurzen runden Flügeln und dem langen schmalen Schwanz zu erkennen. Der wesentlich größere **Habicht** *(A. gentilis)* ist in Färbung und Flugbild dem Sperberweibchen sehr ähnlich.

Öko: Der Sperber bevorzugt abwechslungsreiche Landschaften mit ausreichendem Busch- und Baumbestand. Er ist ein Vogel der Parklandschaft. Sperber jagen vor allem Kleinvögel. Sie greifen ihre Beute im schnellen Flug. Ihre Nester legen sie in hohen Bäumen, vor allem in Fichten an. Im Winter ziehen viele Sperber in den Süden, einige bleiben und sind dann in den Städten und Dörfern anzutreffen (Teilzieher).

Übrigens: Bei der Verfolgungsjagd auf Kleinvögel kommt es vor, dass Sperber gegen Hindernisse prallen und sich das Genick brechen, weil sie nicht mehr abbremsen können.

K2 G1/2–6 Ja/So RL3 A 15

3 Turmfalke

(Falco tinnunculus) Fam.: Greifvögel

L 34 cm M 310 g Jan.–Dez.

Oberseits rotbraun mit dunklen Zeichnungen; Kopf, Schwanz und Bürzel beim ♂ grau. Steht häufig „rüttelnd" in der Luft. Ruf ein aneinander gereihtes „kikikikiki".

Öko: Der Turmfalke lebt als typischer Kulturfolger in offenem Gelände, aber auch in Städten und Dörfern. Er erbeutet vor allem Wühlmäuse, daneben Maulwürfe, Insekten und Kleinvögel. Er brütet auf Bäumen, oft in alten Krähen- und Elsternestern. In den Städten findet man sein Nest in Mauernischen alter Türmen oder Häusern. Turmfalken fliegen schnell, typisch ist aber das „Rütteln". Dabei stellen sie den Körper aufrecht und bleiben durch Schlagen der Flügel auf der Stelle. Aus dieser Position stoßen sie blitzschnell auf ihre Beute hinab.

Übrigens: Unverdauliche Stoffe, wie Haare und Federn, werden bei allen Taggreifvögeln als „Gewölle" ausgewürgt. Im Gegensatz zu Eulengewöllen enthalten diese keine Knochen.

K2/3 G1/3–7 Ja A 16 J

4 Rotmilan

(Milvus milvus) Fam.: Greifvögel

L 61 cm M 1,6 kg April–Okt.

Schwanz tief gegabelt. Flug schaukelnd. Der **Schwarzmilan** *(M. migrans)* wirkt dunkler, sein Schwanz ist nur wenig eingeschnitten.

Öko: Der Rotmilan bevorzugt bewaldete Landschaften. Seine Jagdgebiete sind freie Flächen, vor allem Äcker und Flusstäler. Er frisst in erster Linie tote Tiere. Vögel und Säuger bis zur Größe von Hühnern und Hasen erbeutet er in niedrigem Suchflug. Das Nest wird in hohen Bäumen angelegt, oft sind Kleidungsfetzen und Papier mit verbaut. Die meisten Rotmilane überwintern im Mittelmeergebiet.

Übrigens: Der Rotmilan wird wegen seines deutlich gegabelten Schwanzes auch „Gabelweihe" genannt. Rotmilane kommen nur in Europa vor. Schwerpunkt ihres Verbreitungsgebietes ist Deutschland.

K2/3 G1/1–4 So/Ja A 25 J

1 Mäusebussard

2a Sperber, ♂ mit Beute

2b Habicht △

3 Turmfalke, ♂/Kopf des ♀

4a Rotmilan

4b Schwarzmilan

1 Kiebitz

(Vanellus vanellus) Fam.: Regenpfeifer

L 30 cm M 330 g März – Sept.

Gefieder metallisch glänzend. Nackenschopf lang. Die Flügel wirken auffallend breit und rundlich. Flug schaukelnd. Ruf lautes „kie-witt" (Name!).

Öko: Der Kiebitz ist ein Wiesenvogel. Aufgrund der Intensivierung der Weidewirtschaft weicht er immer öfter auf Äcker und Brachflächen aus. Im Frühling fällt er durch seinen Balzflug auf. Kiebitze ernähren sich überwiegend von kleinen Bodentieren, auch Sämereien werden gefressen. Das Nest ist eine einfache, mit wenigen Halmen ausgepolsterte Bodenmulde.

Übrigens: Nähert sich ein Tier oder ein Mensch dem Nest, so drücken sich die Jungen fest an den Boden. Die Eltern stellen sich flügellahm und locken so den Störenfried vom Nest fort. Dieses Verhalten nennt man „Verleiten".

K2 G1/3 – 4 So/Ja A 25 RL3

2 Lachmöwe

(Larus ridibundus) Fam.: Möwen

L 38 cm M 400 g Jan. – Dez.

Flügelspitzen schwarz. Beine und Schnabel rot. Kopf im Brutkleid dunkelbraun, sonst weiß mit braunem Fleck hinter den Augen. Ruf ein lautes und raues „rä-grä-grä-krää". Die **Silbermöwe** *(L. argentatus)* ist wesentlich größer, hat im Alterskleid einen weißen Kopf und einen kräftigen gelben Schnabel mit rotem Fleck. △

Öko: Lachmöwen sind sehr gesellig. Man findet sie an allen Gewässern, außerhalb der Brutzeit vor allem in Häfen und in Städten. Ihre Nahrung besteht aus Kleintieren aller Art, aus Aas und ebenso aus Abfällen. Auch an Müllplätzen sind Lachmöwen deshalb oft in großer Zahl anzutreffen. Die Vögel brüten an Binnengewässern in großen Kolonien. Ihre Nester legen sie auf dem Boden oder als Schwimmnester an.

Übrigens: Der Name „Lachmöwe" bezieht sich darauf, dass die Tiere auch an flachen Gewässern, den so genannten „Lachen", anzutreffen sind.

K2 G1/1 – 3 Ja A 32 J

3 Blässralle

(Fulica atra) Fam.: Rallen

L 38 cm M 1,2 kg Jan. – Dez.

Gefieder schwarz. Stirnschild (Blässe) weiß; Schnabel hell. Ruf ein lautes und kurzes „köw" und ein hartes sehr kurzes „pix".

Öko: Blässrallen findet man an fast allen stehenden oder langsam fließenden Gewässern. Ihre Nahrung besteht aus Pflanzen und kleinen Wassertieren. Blässrallen können gründeln, aber auch tauchen. Ihre Nester schichten sie in der dichten Ufervegetation am Boden oder im Wasser aus abgestorbenen Pflanzenteilen auf. Im Winter sammeln sich an manchen Wasserflächen überwinternde Blässrallen in großer Zahl.

Übrigens: In der Brutzeit verhalten sich die ansonsten friedlichen Vögel sehr aggressiv gegen ihre Artgenossen und gegen andere Schwimmvögel.

K1 G1/3 – 14 Ja A 18 J

4 Teichralle

(Gallinula chloropus) Fam.: Rallen

L 33 cm M 490 g Jan. – Dez.

Gefieder blauschwarz mit weißem Streifen an der Seite; Schwanz unterseits weiß. Schnabel und Stirnschild leuchtend rot. Beine grün. Ruf ein lautes „kürrk". Teichhühner nicken beim Schwimmen mit dem Kopf.

Öko: Die Teichralle bevorzugt dichten, üppigen Pflanzenwuchs. Man kann sie in den sumpfigen und schlammigen Uferzonen auch sehr kleiner Gewässer beobachten. Als Kulturfolger brütet die Teichralle auch häufig in den Städten. Hier hält es sich auch im Winter an Teichen und Futterstellen auf. Teichrallen fressen Pflanzen, nehmen aber auch Kleintiere aus dem Wasser auf. Die Vögel können gut tauchen, tun dieses aber nur selten. Ihre Nester legen sie versteckt in dichter Ufervegetation an.

Übrigens: Teichrallen haben große Füße mit sehr langen, dünnen Zehen. Sie können damit über die Schwimmblätter der Seerosen laufen ohne einzusinken.

K1/2 G2 – 3/2 – 12 Ja A 15

1 Kiebitz

2a Lachmöwe im Brutkleid

2c Silbermöwe △

2b Lachmöwe im Winter △

3 Blässralle

4 Teichralle

1 Stockente

(Anas platyrhynchos) Fam.: Entenvögel

L 58 cm M 1,6 kg Jan. – Dez.

♂ unverwechselbar. ♀ unscheinbar, unregelmäßig braun. Beide mit blauem Fleck auf den Flügeln („Flügelspiegel"). Ruf des ♂ ein gedämpftes „räb"; ♀ quakt laut.

Öko: Stockenten sind an allen Gewässern zu finden. Sie sind unsere häufigsten Enten. Ihre Nahrung besteht zum größten Teil aus Pflanzen, sie fressen aber auch kleine Wassertiere und Laich. Zur Nahrungssuche „gründeln" sie. Dabei stellen sie den Körper senkrecht, so dass nur noch der Hinterleib aus dem Wasser ragt. Ihre versteckten Nester legen Stockenten zumeist am Ufer an. Man kann sie zu ebener Erde, aber auch auf Kopfweiden finden. Im Winter sammeln sich die Stockenten an offenen Gewässern in großen Schwärmen und suchen dort gemeinsam nach Futter.

Übrigens: Die Stockente ist die Stammform unserer Hausente.

K1 G1/5 – 18 Ja A 29 J

2 Reiherente

(Aythya fuligula) Fam.: Entenvögel

L 43 cm M 1 kg Jan. – Dez.

♂ schwarz mit leuchtend weißen Seiten; Kopf mit Federschopf. ♀ braun mit helleren Seiten. Augen bei beiden Geschlechtern auffallend gelb. Reiherenten tauchen häufig.

Öko: Reiherenten kommen an Seen, Teichen und Fließgewässern vor. Dort tauchen sie nach Muscheln, Schnecken und Wasserinsekten. Auch pflanzliche Nahrung nehmen sie auf. Die Nester werden von den Weibchen in Wassernähe gut versteckt am Boden angelegt. Reiherenten überwintern an großen Binnengewässern und an den Küsten in Trupps von mehreren Tausend Tieren.

Übrigens. Der Bestand der Reiherente hat in den letzten Jahren erheblich zugenommen. Der Name „Reiherente" rührt vom Federschopf der Vögel her. Auch Reiher besitzen einen solchen Kopfschmuck.

K2 G1/3 – 14 Ja A 14 J

3 Graugans

(Anser anser) Fam.: Entenvögel

L 89 cm M 5 kg Jan. – Dez.

Gefieder graubraun. Schnabel orangegelb. Beine rötlich. Ruf (wie Hausgans) laut „gagagag". Im Flug bilden mehrere Tiere zusammen ein V oder eine 1 (Flugformation; s. S. 69). △

Öko: Graugänse ernähren sich von den unterschiedlichsten Land- und Wasserpflanzen, vor allem aber von Gräsern. Sie brüten am Rande großer Seen und Weiher. Die Paare bleiben ein Leben lang zusammen. Oft sieht man diese Tiere nur in der typischen Flugformation durchziehen oder hört ihre Rufe in der Nacht.

Übrigens: Gänse reagieren auf Störungen sehr empfindlich, sie wurden daher im alten Rom als Wächter eingesetzt. Graugänse werden vielfach als halbwildes Parkgeflügel gehalten. Von der Graugans stammt unsere Hausgans ab. Im Winter kommen verschiedene andere Gänsearten als Wintergäste aus der Tundra zu uns.

K1 G1/4 – 12 Ja/Wi A 17 J

4 Höckerschwan

(Cygnus olor) Fam.: Entenvögel

L 152 cm M 14 kg Jan. – Dez.

Gefieder weiß. Schnabel orangerot mit schwarzem Höcker, der beim ♂ besonders groß ist. Junge graubraun gefärbt.

Öko: Als Lebensraum sagen den Höckerschwänen fast alle Seen und Teiche zu. Die Vögel sind reine Pflanzenfresser. Im Ufergürtel – oft auf Inseln – bauen sie sehr große Nester aus Pflanzenstängeln. Schwäne führen oft eine lebenslange „Ehe". Gegenüber anderen Schwimmvögeln in ihrem Brutrevier verhalten sie sich häufig aggressiv.

Übrigens: Die in Mitteleuropa lebenden Vögel sind halbwild oder zahm. Wilde Höckerschwäne gibt es in Südost- und Osteuropa. Schwäne spielen in Sagen und Märchen eine große Rolle. In einem Märchen der Gebrüder Grimm werden sieben Brüder in Schwäne verwandelt. Der Sage nach kündigt der Schwan seinen Tod durch einen Gesang an („Schwanengesang").

K1 G1/4 – 11 Ja A 20 Neo J

1 Stockenten, ♂ und ♀

2 Reiherenten, ♂ und ♀

3 Graugans

4 Höckerschwan mit Jungen

Kopf des Männchens
mit Schnabelhöcker

1 Stockenten-Bastarde

2 Moschusenten, ♂ und ♀

3a Tafelente, ♂

3b Tafelente, ♀

4 Mandarinente, ♂

5a Brautente, ♂

5b Brautente, ♀ △

6 Höckergans

7 Nilgans

8 Rostgans

9 Weißwangengans (Nonnengans)

10 Streifengans

11 Kanadagans

12 Trauerschwan

1 Haubentaucher

(Podiceps cristatus) Fam.: Lappentaucher

L 48 cm M 1,4 kg Jan. – Dez.

Hals weiß. Im Prachtkleid Kopf mit rostbrauner Krause; im Schlichtkleid Kopfseiten weiß. Der Vogel taucht häufig und fliegt selten. △

Öko: Den Haubentaucher findet man auf größeren tiefen Gewässern, vor allem auf natürlichen und aufgestauten Seen sowie in wassergefüllten Kiesgruben. Seine Nahrung besteht in erster Linie aus kleinen Fischen, daneben frisst er auch Wasserinsekten. Ihre Schwimmnester bauen die Haubentaucher am Gewässerrand aus Wasserpflanzen, vor allem aus Rohrkolben.

Übrigens: Die Vögel können bis 40 Meter tief tauchen. Junge Haubentaucher können nach dem Schlüpfen bereits schwimmen. Dennoch werden sie während der ersten Lebenswochen noch häufig von den Eltern auf dem Rücken getragen.

K2/3 G 1/2 – 6 So/Ja A 14 J

2 Kormoran

(Phalacrocorax carbo) Fam.: Kormorane

L 91 cm M 2,5 kg Jan. – Dez.

Groß, schwarz; Kehle und Wangen weiß. Liegt beim Schwimmen sehr tief im Wasser. Im Flug wirkt er wie ein großes schwarzes Kreuz.

Öko: Der Kormoran ist an größeren Gewässern zu Hause. Dort taucht er nach seiner Nahrung, die vor allem aus kleinen Fischen besteht. Anschließend muss der Vogel sein Gefieder trocknen. Man kann ihn dann mit ausgebreiteten Flügeln auf Bäumen oder Pfählen sitzen sehen. Er brütet oft mit Reihern gemeinsam in Kolonien in den Kronen alter Bäume. Wegen der ätzenden Harnsäure im Kot sterben diese aber meistens nach wenigen Jahren ab.

Übrigens: Aufgrund größeren Futterangebots (Aussetzen von Fischen für Angler) hat sich der Kormoran in den letzten Jahrzehnten stark vermehrt. In Ostasien werden Kormorane zum Fischfang eingesetzt. Die Fischer hindern den Vogel am Hinunterschlucken größerer Fische durch einen Eisenring um den Hals.

K2/3 G1/3 – 6 Ja A 19

3 Graureiher

(Ardea cinerea) Fam.: Reiher

L 91 cm M 2,3 kg Jan. – Dez.

Hals im Flug S-förmig gebogen, dadurch wirkt er kurz. Ruf im Flug ein raues „kräick".

Öko: Graureiher suchen nicht nur in flachen Gewässern nach Beute, man kann sie auch auf Grünland und Äckern beobachten. Neben Fischen jagen sie Wühlmäuse, Insekten und sonstige Kleintiere. Reiher brüten in Kolonien in den Kronen hoher Bäume, die durch den ätzenden Kot absterben können.

Übrigens: Reiher wurden früher mit abgerichteten Habichten gejagt. Diese Beizjagd war ein beliebter Sport von Adligen. Der ebenfalls graue **Kranich** *(Grus grus)* hat eine rote Kappe. In Deutschland brütet er vor allem in Mecklenburg-Vorpommern und in Brandenburg. Im Flug streckt er den Hals weit vor. Kraniche ziehen in großen Trupps in Form einer „1" (s. S. 69).

K2/3 G1/3 – 8 Ja A 25 J

4 Weißstorch

(Ciconia ciconia) Fam.: Störche

L 102 cm M 4,4 kg März – Aug.

Unverwechselbar; klappert mit dem Schnabel. Im Flug wird der Hals weit vorgestreckt.

Öko: Der Weißstorch brütet in Mitteleuropa überwiegend innerhalb von Siedlungen. Sein Nest befindet sich auf Gebäuden, Schornsteinen, Masten, selten auf Bäumen. Die Vögel sind nesttreu, führen aber keine lebenslange „Ehe". Ihre Nahrung besteht vorwiegend aus Wühlmäusen, Regenwürmern, Fröschen und Insekten. Den Winter verbringt der Weißstorch im südlichen Afrika. Der Verlust an Nahrungsbiotopen und die Gefahren auf dem Zug ließen den Storch immer seltener werden. Infolge von Schutzmaßnahmen erhöht sich jedoch der Bestand inzwischen wieder.

Übrigens: Der Weißstorch gilt als Glücksvogel. Früher sagte man den Kindern, der Weißstorch (Klapperstorch) bringe die Babys.

K2/3 G1/1 – 7 So A 34 RL3

1 Haubentaucher im Prachtkleid/im Schlichtkleid △

2a Kormorane auf dem Nest

3a Graureiher

2b Kormoran, schwimmend

3b Kranich

4 Weißstorch mit Jungen

1 Star

2 Rabenkrähe

3 Kolkrabe

4 Elster

5 Specht

6 Mehlschwalbe

7 Rauchschwalbe

8 Mauersegler

9 Lachmöve

10 Ringeltaube

11 Kiebitz

12 Gänse

13 Kranich

14 Stockente

15 Reiher

17 Weißstorch

16 Kormoran

18 Mäusebussard

20 Sperber

19 Turmfalke

21 Rotmilan

22 Schwarzmilan

1 Bergeidechse

(Lacerta vivipara) Fam.: Eidechsen

L 18 cm M ♂ 5 g/♀ 8 g März – Okt.

Rücken bräunlich, gepunktet; Bauch gelborange; dunkles Längsband an den Seiten und unterbrochen auf dem Rücken. △

Öko: Bergeidechsen kommen auf Waldlichtungen, an Waldrändern, in Heiden, Mooren und naturnahen Gärten vor. Oft sonnen sie sich auf Baumstämmen und Steinen. Ihre Nahrung besteht vorwiegend aus Spinnen, Insekten und deren Larven. Die Eier bleiben bis zum Schlüpfen der Jungtiere im Bauch der Mutter. In Gebieten mit rauerem Klima würden abgelegte Eier nicht die erforderliche Brutwärme finden.

Übrigens: Die Bergeidechse wird auch „Waldeidechse" genannt. Das Männchen der **Zauneidechse** (*L. agilis*; RL3) hat grüne Flanken, das Weibchen hat ein dunkles unterbrochenes Mittelband auf dem Rücken. Die bräunliche **Mauereidechse** (*Podarcis muralis*; RL2) trägt schwarze und weiße unterbrochene Querstreifen an den Schwanzseiten.

K2/3 G1/4 – 8 WSt A 5

2 Blindschleiche

(Anguis fragilis) Fam.: Schleichen

L 50 cm M 28 g April – Okt.

Kopf eidechsenähnlich. Körper schlangenförmig; kupferfarben, braun oder rötlich. ♀ mit dunklem Rückenstreifen.

Öko: Blindschleichen kann man – besonders abends und nach Regenfällen – in pflanzenreichen Naturgärten, an Waldrändern, an Bahndämmen und auf feuchtem Weideland beobachten. Sie fressen Nacktschnecken und Regenwürmer. Oft überwintern mehrere Tiere gemeinsam in Winterstarre in geschützten Verstecken. Fressfeinde sind Bussard, Eulen, Storch, Igel, Fuchs und Marder.

Übrigens: Blindschleichen sind keine Schlangen. Sie sind mit den Eidechsen verwandt und werfen wie diese den Schwanz ab, wenn sie sich bedroht fühlen. Dieser zuckt hin und her und lenkt so den Angreifer ab.

K2 G1/8 WSt A 35

3 Kreuzotter

(Vipera berus) Fam.: Vipern

L 90 cm M ♂ 105 g/♀ 295 g März – Sept.

Färbung variabel; Rücken des ♂ jedoch meist grau, mit hellbraunem Zickzackband; Rücken des ♀ dunkelbraun, mit schwärzlichem Zickzackband. Der **Schlingnatter** (*Coronella austriaca*; Fam. Nattern) fehlt dieses Band.

Öko: Kreuzottern besiedeln warme Standorte in Mooren, Heiden und Wäldern. Im Frühjahr sonnen sie sich auf trockenen Wegen, sonst sind sie nachtaktiv. Sie fliehen bei Annäherung sofort. Ihre Beutetiere, vorwiegend Mäuse, Frösche und Eidechsen, töten sie mit ihren Giftzähnen. Im unterirdischen Winterquartier überdauern oft viele Tiere gemeinsam in Winterstarre. Hauptfressfeind ist der Igel. Kreuzottern bringen lebende Junge zur Welt.

Übrigens: Vor dem Biss der Kreuzotter schützt hohes Schuhwerk. Im Unglücksfall sollte man das Bein nicht abbinden, sondern möglichst ruhig stellen und anschließend einen Arzt aufsuchen. In Mooren treten Kreuzottern mit dunklerer Färbung auf („Moorottern").

K2 G1/18 WSt A 25 RL2

4 Ringelnatter

(Natrix natrix) Fam.: Nattern

L 2 m M ♂ 150 g/♀ 620 g Mai – Sept.

Rücken schiefergrau mit dunklen Flecken; am Hinterkopf meist ein gelber sichelförmiger Fleck (Mondfleck).

Öko: Die tagaktiven Ringelnattern leben vorwiegend an stehenden oder langsam fließenden Gewässern. Sie sind gute Schwimmer. Frösche, Fische, Molche und Kaulquappen sind die bevorzugten Beutetiere. Ihre Eier legen sie im Hochsommer unter Laub- und Moospolstern ab. Oft überwintern mehrere Tiere zusammen in Komposthaufen oder unter vermoderndem Holz. Fressfeinde sind Igel, Katzen, Greifvögel und Raubfische.

Übrigens: Bei Gefahr spritzen sie eine übel riechende Flüssigkeit aus dem After. Heute ist der Straßenverkehr Hauptfeind der Ringelnatter.

K2/3 G1/30 WSt A 9 RL3

1a Bergeidechse △

1b Zauneidechse, ♂/♀

1c Mauereidechse

2 Blindschleiche mit Jungen

3a Kreuzotter, ♂

4 Ringelnatter

1 Rotwangen-Schmuckschildkröte

(Trachemys scripta elegans) Fam.: Sumpfschildkr.

L 35 cm M 2,5 kg April – Sept.

Kopf mit charakteristischen roten Streifen.

Öko: Rotwangen-Schmuckschildkröten wurden insbesondere in stadtnahen Gewässern, wie zum Beispiel Stadtparkteichen, ausgesetzt. Häufig sieht man sie auf einem Baumstamm im Wasser sitzen, wo sie sich sonnen. Dabei strecken sie den Kopf schräg nach oben. Sie erbeuten unter anderem Amphibien und Fische. Ob sie sich bei uns erfolgreich fortpflanzen und damit als echte „Neubürger" gelten können, ist unbekannt.

Übrigens: Natürliches Verbreitungsgebiet der Tiere sind Gewässer im Mississippital von Illinois bis zum Golf von Mexiko. Die **Europäische Sumpfschildkröte** *(Emys orbicularis)* ist bei uns bis auf kleine Vorkommen ausgestorben.

K2/3 G1/16 WSt A 50 Neo(?)

2 Teichmolch

(Triturus vulgaris) Fam.: Salamander u. Molche

L 11 cm M 5 g April – Sept.

Bauch gelb bis rotorange mit rundlichen Flecken; Rücken bräunlich. ♂ mit Rückenkamm. Der ähnliche, aber wesentlich größere **Kammmolch** (*T. cristatus*; RL3) hat einen dunkelgrauen bis schwärzlichen Rücken; seine Unterseite ist unregelmäßig dunkel gefleckt. △

Öko: Teichmolche besiedeln vor allem Kleingewässer mit Wasserpflanzen, z. B. kleine Weiher, Tümpel und Gartenteiche. Sie erbeuten Regenwürmer, Schnecken, Fisch- und Froschlaich sowie Kaulquappen. Außerhalb der Paarungszeit trifft man sie – häufiger als andere Molcharten – an Land an, z. B. unter Steinen im Garten. Sie überwintern in Steinhaufen, Holzstubben, Kellern und ähnlichen Verstecken. Bei der Paarung „überreicht" das Männchen dem Weibchen ein Spermienpaket. Das Weibchen nimmt dieses mit der Kloake auf. Die Eier werden einzeln an Wasserpflanzen oder Steinen im Gewässer abgelegt. Molchlarven haben äußere Kiemen. Die Jungmolche verlassen das Gewässer und kehren erst als geschlechtsreife Tiere im Alter von drei Jahren dorthin zurück.

Übrigens: In austrocknenden Tümpeln verkürzt sich die Entwicklung von der Larve zum Jungmolch. Beim häufigen **Bergmolch** *(T. alpestris)* steht der bläuliche Rücken in Kontrast zur orangefarbenen Unterseite. Molche häuten sich wie Eidechsen und Schlangen in unregelmäßigen Abständen.

K2 G – /100 WSt A 15

3 Feuersalamander

(Salamandra salam.) Fam.: Salam. und Molche

L 22 cm M 56 g März – Sept.

Schwarz-gelbe Warnfärbung („Ich bin giftig!"). Unverwechselbar.

Öko: Feuersalamander leben – anders als die Molche – überwiegend in Landlebensräumen. Man findet sie in erster Linie in Mittelgebirgstälern. Sie sind nachtaktiv und kommen tagsüber nur bei hoher Luftfeuchte aus ihren Erdlöchern. Die Larven ernähren sich von kleinen Wassertieren, die ausgewachsenen Tiere hauptsächlich von Schnecken und Regenwürmern. Die Paarung erfolgt im April oder Mai an Land. Die Männchen tragen die Weibchen ein Stück auf dem Rücken. Anschließend erfolgt die Übergabe des Spermienpaketes an das Weibchen. Die befruchteten Eier entwickeln sich im Mutterleib zu Kiemenlarven. Diese werden ab Mai des folgenden Jahres in Bäche mit guter Wasserqualität abgesetzt. Die Entwicklung zum Jungsalamander dauert ein bis zwei Jahre. Erst nach weiteren drei Jahren sind sie geschlechtsreif. Wegen ihres giftigen Hautsekretes haben sie kaum Fressfeinde. Nur die Ringelnatter, wenige Vögel und der Igel „vergreifen" sich an ihnen. Sie überwintern gesellig in Winterstarrre, u. a. in Erdhöhlen und Kellern, die sie Jahr für Jahr aufsuchen (Ortstreue).

Übrigens: Jeder Feuersalamander hat eine individuelle Körperzeichnung, an der man ihn erkennen kann. Werden die Tiere angegriffen, so können sie das Gift aus den Hautdrüsen durch Muskelkontraktion herausspritzen. Es kann beim Menschen allergische Reaktionen hervorrufen. Der Name soll von der kuriosen Vorstellung herrühren, dass ins Feuer geworfene Salamander dieses zum Erlöschen bringen.

K2 G – /75 WSt A 50 RLV

1a Rotwangen-Schmuckschildkröte

1b Europäische Sumpfschildkröte

3 Feuersalamander/Larve im Wasser

2a Teichmolch, ♂/♀ △

2b Larve des Teichmolchs △

2c Kammmolch, ♂ △

2d Bergmolch, ♂

1 Gewöhnlicher Laubfrosch

(Hyla arborea) Fam.: Baumfrösche

L 6 cm M 9 g Mai – Sept.

Finger mit Haftscheiben. Balzrufe der ♂ aufgrund der großen Kehlschallblase sehr laut und ausdauernd „äpp-äpp-äpp"; nachts im Chor.

Öko: Der Laubfrosch kommt an gebüschreichen stehenden Gewässern des Tieflandes vor. Er ernährt sich überwiegend von kleinen Insekten. Außerhalb der Laichzeit lebt er auch weit vom Gewässer entfernt. Die Eier werden ab Ende Mai in kleinen Portionen abgelaicht. Laubfrösche überwintern in Kältestarre an Land unter Steinhaufen oder im Boden. Sie produzieren Glyzerin als „Frostschutzmittel".

Übrigens: Zum Sonnen bevorzugt der kleine Frosch „Laub"-Blätter (Name!), vor allem von der Brombeere.

K2 G10/80 WSt A 14 RL2

2 Grasfrosch

(Rana temporaria) Fam.: Echte Frösche

L 10 cm M 120 g März – Okt.

Braunes Feld vom Auge über die Ohrregion bis zu den Vorderbeinen. Die Paarungsrufe hören sich wie Knurren an. Die Männchen des **Moorfroschs** (*R. arvalis*; RL2) sind zur Paarungszeit blau gefärbt. △

Öko: Ausgewachsene Grasfrösche bevorzugen Feuchtwiesen als Lebensraum (Name!). In Siedlungen leben sie in naturnahen Gärten und Parkanlagen. Auf ihrem Speiseplan stehen in erster Linie Schnecken, Gliederfüßer und Regenwürmer. Die Weibchen legen Ende Februar/ Anfang März ein bis zwei Laichballen mit je etwa 1000 bis 2000 Eiern in Gewässern aller Art ab, vor allem aber in Kleingewässern. Grasfrösche überwintern oft gruppenweise am Grund von Kleingewässern, seltener auch unter Steinhaufen oder in Mauselöchern.

Übrigens: Grasfrösche sind unsere häufigsten Froschlurche, Sie besiedeln sogar Gebirgsseen bis in 3000 Meter Höhe. Frieren die Seen zu, gehen viele Grasfrösch infolge von Sauerstoffmangel zugrunde.

K2 G1 – 2/2000 WSt A 10 RLV

3 Kleiner Grünfrosch

(Rana lessonae) Fam.: Echte Frösche

L 8 cm M 60 g April – Sept.

Schallblasen weiß. Rückenmitte (wie bei allen Grünfröschen) mit hellgrünem Längsstrich. Der **Seefrosch** (*R. ridibunda*; RL3) hat graue Schallblasen. Der **Teichfrosch** *(R. esculenta)* ist ein Bastard aus den beiden genannten Arten. Alle Grünfrösche quaken laut. Der Seefrosch ist am meckernden „kek-kek-kek ..." zu erkennen. △

Öko: Grünfrösche leben an pflanzenreichen Gewässern aller Art. Sie ernähren sich hauptsächlich von Insekten. Die tagaktiven und Wärme liebenden Tiere sonnen sich oft ausgiebig am Gewässerrand oder auf Seerosenbättern. Gelegentlich springen sie ins Wasser, um das Austrocknen der Haut zu verhindern. Erst im Mai legen die Weibchen ihre Eiballen ab. Grünfrösche überwintern in Kältestarre auf dem Gewässergrund.

Übrigens: Bei Grünfröschen ist Kannibalismus verbreitet.

K2 G1/2000 WSt A 2 RLG

4 Erdkröte

(Bufo bufo) Fam.: Echte Kröten

L ♂ 9 cm/♀ 13 cm M ♂ 63 g/♀ 130 g April – Okt.

Rücken bräunlich, warzenreich. Ruf ein leises hohes „oäck-oäck-oäck".

Öko: Die dämmerungsaktive Erdkröte bewohnt die unterschiedlichsten Lebensräume. In Ortschaften ist sie vor allem in Gärten und Parks mit Unterholz anzutreffen. Sie vertilgt Kleintiere aus der Laubstreu. Erdkröten überwintern gesellig in Erdlöchern oder Steinhaufen. Im Frühjahr führen sie Wanderungen zu den Laichgewässern durch. Dabei tragen die Weibchen die Männchen kilometerweit „huckepack".

Übrigens: Wie die Haut aller Kröten, so enthält auch die der Erdkröten Giftdrüsen. Deren Sekrete sind auch für den Menschen giftig und man sollte die Tiere deshalb nicht berühren! Die kleinere **Kreuzkröte** (*B. calamita*; RL3) hat eine gelbliche Mittellinie auf dem Rücken. Sie ruft laut „ärr-ärr-ärr".

K2 G1 – 2/6000 WSt A 36

1 Gewöhnlicher Laubfrosch

2a Grasfrosch △

3 Kleiner Grünfrosch/
quakender Teichfrosch △

2b Moorfrosch/zur Paarungszeit sind die Männchen blau gefärbt △

4a Erdkröten, das ♀ trägt das ♂ „huckepack“

4b Kreuzkröte

1 Rotfeder

(Scardinius erythrophthalmus) Fam.: Karpfenf.

L 30 cm M 800 g März – Nov.

Flossen blutrot; Augen goldglänzend; scharfer Kiel zwischen Bauch- und Afterflosse. Die Rückenflosse setzt hinter der Basis der Bauchflossen an. Die **Plötze** *(Leuciscus rutilus)* hat rote Augen; der Kiel fehlt; die Rückenflosse steht der Basis der Bauchflossen gegenüber. △

Öko: Die Rotfeder lebt in langsam fließenden oder stehenden Gewässern, aber auch im Meer. In der Ostsee ist die Plötze allerdings häufiger. Rotfedern fressen Wasserpflanzen, Insekten und Würmer. Die Eiablage erfolgt ab Mai an Wasserpflanzen. Die Plötze, auch „Rotauge" genannt, führt eine ähnliche Lebensweise. Fressfeinde sind z. B. Hecht, Zander, Graureiher, Kormoran und Fischotter.

Übrigens: Das Fleisch beider „Weißfischarten" gilt als geringwertig. Sie werden aber häufig als Köderfische verwendet.

K1/2 G1/100 000 WR A 12 J

2 Karpfen

(Cyprinus carpio) Fam.: Karpfenfische

L 150 cm M 35 kg Febr. – Nov.

Schuppen groß; Rücken dunkel grünbraun, Bauchseite weißlich; Maul mit 4 Barteln. Der **Graskarpfen** *(Ctenopharyngodon idella)* ist lang gestreckt, hat hellgraue Flossen und einen abgeplatteten Kopf.

Öko: Karpfen findet man in stehenden oder langsam fließenden Gewässern. Sie fressen wirbellose Kleintiere am Boden, in Stadtparkteichen auch Brot. Die Eiablage erfolgt mehrmals jährlich an Wasserpflanzen. Ausgewachsene Graskarpfen sind Pflanzenfresser.

Übrigens: Neben der Wildform gibt es mehrere Zuchtformen: den Schuppenkarpfen mit großen Schuppen am ganzen Körper, den Spiegelkarpfen, der nur stellenweise Schuppen trägt und den schuppenlosen Lederkarpfen. Der aus China stammende Graskarpfen wurde vielfach zur Reinigung der Gewässer von Wasserpest ausgesetzt, z. B. im Maschsee in Hannover.

K2/D G > 1/700 000 WA A 70 Ar J

3 Goldfisch

(Carassius auratus) Fam.: Karpfenfische

L 57 cm M 900 g Febr. – Nov.

Färbung sehr variabel, meist goldgelb auf zinnoberrotem Grund. Die ähnliche **Karausche** *(C. carassius)* ist olivgrün.

Öko: Goldfische werden in vielen Zuchtformen verkauft. Ausgewilderte Goldfische kann man in Stadtparkteichen, aber auch in langsam fließenden Naturgewässern beobachten. Sie ernähren sich vorwiegend von Bodentieren. Die Karausche bewohnt stehende Gewässer mit Pflanzenbewuchs und schlammigem Boden. Auch sie ernährt sich von Bodentieren. Fressfeinde der genannten Fischarten sind Reiher, Kormoran und Hecht. Im Winter ruhen die Tiere passiv am Boden.

Übrigens: Goldfische wurden bereits um 1000 n. Chr. aus der Wildform in China gezüchtet, aber erst 1691 gelangte der erste Goldfisch als Geschenk für Madame Pompadour nach Europa.

K2 G1/300 000 WR A 30 Neo

4 Regenbogenforelle

(Salmo gairdneri) Fam.: Lachse

L 50 cm M 7 kg Jan. – Dez.

Rücken dunkelgrün bis bläulich; Körperseite mit rötlichem Längsband; Bauch silbrig. Die **Bachforelle** *(Salmo trutta fario)* hat kein Längsband.

Öko: Regenbogenforellen werden vielfach in Fischteichen gezüchtet, aber auch in Fließgewässer ausgesetzt. Sie wachsen schneller als die Bachforellen, die in sauerstoffreichen Mittelgebirgsbächen vorkommen. Forellen erbeuten Flohkrebse, Insekten und deren Larven sowie kleine Fische.

Übrigens: Die Regenbogenforelle stammt aus Nordamerika und wurde ab 1880 in europäischen Gewässern ausgesetzt. Da sie höhere Temperaturen verträgt und unempfindlicher gegen Wasserverschmutzungen ist, kommt sie inzwischen in vielen Gewässern allein oder häufiger als die Bachforelle vor.

K2/3 G1/1000 – 5000 WA A 10 Neo J

1a Rotfeder △

1b Plötze (Rotauge) △

2a Karpfen: Schuppenkarpfen/Spiegelkarpfen

2b Graskarpfen

3a Goldfische

3b Karausche

4a Regenbogenforelle

4b Bachforelle

1 Flussbarsch

(Perca fluviatilis) Fam.: Barsche

L 50 cm M 4 kg Jan. – Dez.

Rücken dunkelgrün mit schwarzen Querbinden; Flossen gelblich rot. Maul mit kleinen Zähnen besetzt.

Öko: Flussbarsche leben vorwiegend in Binnengewässern, kommen aber auch im Brackwasser und in der Ostsee vor. Junge Flussbarsche fressen Planktontiere, ältere erbeuten Fische, Krebse, Würmer und Wasserinsekten. Die Eier werden als Laichbänder an Wasserpflanzen, Steinen und anderen Gegenständen im Wasser befestigt. Flussbarsche leben meist in kleinen Trupps zusammen. Im Winter ziehen sie sich in tiefes Wasser zurück. Fressfeinde sind, neben größeren Artgenossen, Hecht, Zander, Graureiher und Fischotter.

Übrigens: Wenn Flussbarsche morgens oder abends in Schwärmen auf Jagd nach Kleinfischen gehen, ist häufig ihr Schmatzen zu hören. Flussbarsche werden wegen ihres schmackhaften Fleisches gefangen.

K2/3 G1/300 000 WA A 40 J

2 Hecht

(Esox lucius) Fam.: Hechte

L 150 cm M 70 kg Jan. – Dez.

Körper lang gestreckt; Seiten olivgrün gefleckt. Maul groß und entenschnabelartig, mit Zähnen.

Öko: Der Hecht besiedelt Bäche, Flüsse und Seen. Er hat seinen Standplatz im ruhigen Wasser am Rand der Strömung, in Seen oft in der Nähe der Fischschwärme. Der Raubfisch erbeutet Fische (auch Artgenossen), Wasservögel, Frösche und Ringelnattern. Junghechte bis vier Zentimeter Länge ernähren sich von Planktontieren. Die klebrigen Eier werden im Frühjahr im flachen Wasser an Wasserpflanzen oder auf überschwemmten Uferwiesen abgelaicht. Im Winter suchen Hechte tieferes Wasser auf.

Übrigens: Beutetiere werden aus einem Versteck heraus (Lauerjagd) mit plötzlichem, ungeheuer kraftvollem Stoß des zahnbewehrten Maules gepackt.

K2/3 G1/100 000 WA A 60 J

3 Dreistacheliger Stichling

(Gasterosteus aculeatus) Fam.: Stichlinge

L 9 cm M 3 kg Jan. – Dez.

Rückenflosse mit 3 frei stehenden Strahlen (Stacheln). Bauch des ♂ zur Laichzeit rot. Die Rückenflosse des **Neunstacheligen Stichlings** *(Pungitius pungitius)* hat 9 – 11 Stacheln.

Öko: Der Dreistachelige Stichling kommt in Küstengewässern und im Süßwasser vor. Er erbeutet kleine Wassertiere. Bei der Balz vollführt das Männchen einen auffälligen Zickzacktanz. Das Männchen übernimmt auch die Brutpflege.

Übrigens: Rücken- und Bauchstacheln lassen sich zur Verteidigung fest aufstellen.

K2/3 G1/4000 WA A 2

4 Aal

(Anguilla anguilla) Fam.: Aale

L 150 cm M 6 kg März – Nov.

Körper schlangenförmig, mit Flossensaum.

Öko: Aale leben in Gewässern im Einzugsbereich des Atlantiks. Es gibt zwei Formen: Der „Spitzkopf" frisst kleinere Wassertiere, der „Breitkopf" auch kleine Fische und Frösche.

Übrigens: Geschlechtsreife Aale wandern bis zu 6000 km in die Sargassosee um abzulaichen. Danach sterben sie. Die „Larven" wandern mit dem Golfstrom in die europäischen Flüsse.

K2 WSt A 16 J

5 Bachneunauge

(Petromyzon planeri) Kl.: Rundmäuler

L 17 cm M 100 g Jan. – Dez.

Schlangenförmig; Saugmund kieferlos. △

Öko: Bachneunaugen leben in kleinen Fließgewässern. Zwei bis vier Jahre lang sitzen die Larven („Querder") im Schlamm. Sie fressen Kleintiere aller Art. Die Ausgewachsenen Neunaugen nehmen keine Nahrung mehr auf.

Übrigens: Bachneunaugen gehören zur Klasse der Rundmäuler, sind also keine Fische.

K2 G1/500 WA A 5

1 Flussbarsch

2 Hecht

3a Dreistacheliger Stichling, ♂

4 Aal

3b Neunstacheliger Stichling

5 Bachneunauge/Kopf mit Saugmund △

1 Stinkschwamm

(Spongilla lacustris) Fam.: Süßwasserschw.

L > 1 m (Tierkolonie) April – Nov.

Geruch unangenehm (Name!); Kolonien in stehenden Gewässern verzweigt, in Fließgewässern (je nach Stärke der Strömung) kugelig oder mit kurzen Fortsätzen. Färbung weißlich, gelblich, grünlich oder bräunlich. Der **Große Süßwasserschwamm** *(Ephydatia fluviatilis)* bildet rasen- oder klumpenartige Kolonien. △

Öko: Der Stinkschwamm besiedelt die verschiedensten eutrophen Binnengewässer und Brackwasser bis in 30 Meter Tiefe. Der Große Süßwasserschwamm dagegen kommt nur im Flachwasser vor. Schwämme ernähren sich von Detritus und Plankton, die sie einstrudeln. Sie überstehen den Winter als Dauerstadien *(Gemmulae)*, die sich im folgenden Jahr zu einem geschlechtsreifen männlichen oder weiblichen Schwamm entwickeln.

Übrigens: Stinkschwamm und Großer Süßwasserschwamm haben ein Skelett aus Kieselsäurenadeln (Mikroskop!).

K1/D G – /var. Ü Gem A < 1

2 Süßwasserpolyp

(Hydra spec.) Fam.: Süßwasserpolypen

L 2 cm Mai – Nov.

Hohltier mit Tentakeln; meist farblos. △

Öko: Süßwasserpolypen kommen häufig in pflanzenreichen Kleingewässern vor. Man findet sie z. B. auf der Unterseite von Wasserlinsen (Lupe!). Sie ernähren sich räuberisch, vor allem von Kleinkrebsen. In ihren Nesselkapseln, mit denen sie die Beutetiere fangen, befindet sich ein Gift, das das Herz der Kleinkrebse lähmt. Bei guten Nahrungsbedingungen vermehren sie sich ungeschlechtlich durch „Knospung“: Aus „Seitenknospen“ entwickeln sich Tochterpolypen. Bei ungünstigen Bedingungen und im Herbst gehen sie zur geschlechtlichen Fortpflanzung über.

Übrigens: Der **Grüne Süßwasserpolyp** *(Chlorohydra viridissima)* hat einzellige Grünalgen in seinen Zellen, mit denen er in Symbiose lebt.

K2 G – /var. Ü Ei A < 1

3 Wildblickender Strudelwurm

(Planaria torva) Ord.: Strudelwürmer

L 1,5 cm Nov. – Okt.

Körper stark abgeplattet, ohne Ringelung; Vorderende schwach rundlich. Augen eng zusammen stehend (Name!). Der **Trauer-Strudelwurm** *(Dugesia lugubris)* hat abgerundete „Öhrchen“; beim **Dreieckskopf-Strudelwurm** *(D. gonocephala)* ist der Kopf zugespitzt. Der Kopf des **Alpen-Strudelwurms** *(Crenobia alpina)* hat zwei fühlerartige Ausstülpungen und beim ähnlichen **Vielaugen-Strudelwurm** *(Polycelis tenuis)* sitzen am Rand des Vorderkörpers zahlreiche kleine Augen. Es gibt noch weitere Strudelwurm-Arten, die nur Fachleute unterscheiden können. △

Öko: Der Wildblickende Strudelwurm kommt häufig in stehenden und langsam fließenden Gewässern vor. Er ernährt sich vor allem von Gliederfüßern, Schnecken und Würmern.

Übrigens: Viele Strudelwürmer pflanzen sich auch ungeschlechtlich fort.

K2 G – /14 Ü Ei A 1

4 Großer Schneckenegel

(Glossiphonia complanata) Ord.: Echte Egel

L 3 cm März – Okt.

Körper abgeplattet und – wie bei allen Egeln – mit feiner Ringelung; „bunt“ gefärbt; fühlt sich durch warzenartige Bildungen (Lupe!) knorpelig an; 3 Augenpaare. Der **Hundeegel** *(Erpobdella octoculata)* hat 4 Augenpaare. △

Öko: Schneckenegel kann man in Kleingewässern finden. Sie saugen Schnecken und Insektenlarven aus. Sie sind Zwitter und betreiben Brutpflege: Die Eier werden in Kokons abgelegt und von der „Mutter“ betreut. Nach dem Schlüpfen werden die Jungtiere noch zwei bis vier Wochen umhergetragen und „gefüttert“.

Übrigens: Der schmale **Gewöhnliche Fischegel** *(Piscicola geometra)* hat große Saugnäpfe. Der Pferdeegel *(Haemopis sanguisuga)* hat, wie der Medizinische Blutegel *(Hirudo medicinalis)* fünf Augenpaare. Diese Blut saugende Art kommt bei uns nur selten in Stillgewässern vor.

K2 G – /15 WSt A 3

1a Stinkschwamm △

1b Großer Süßwasserschwamm

2 Süßwasserpolyp △

3a Wildblickender Strudelwurm △

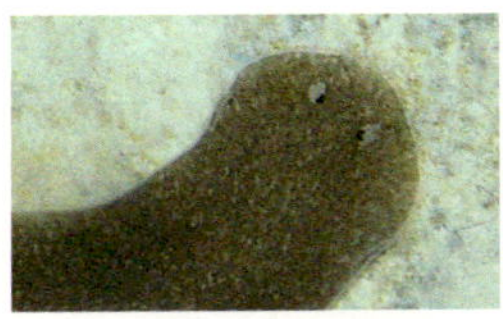

3b Trauer-Strudelwurm

3c Dreieckskopf-Strudelwurm

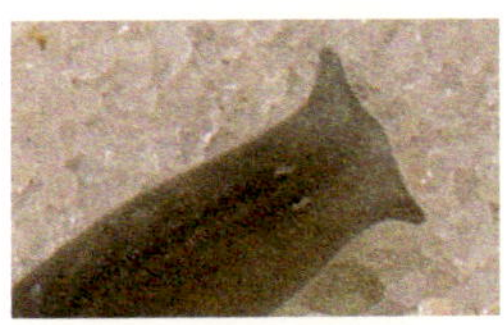

3d Alpen-Strudelwurm

3e Vielaugen-Strudelwurm

4a Großer Schneckenegel △

4b Hundeegel △

4c Gewöhnlicher Fischegel

1 Fadenwürmer

(Nematoden) Kl.: Fadenwürmer

Fadenförmig, zumeist klein (Durchm. 0,1 mm; Länge 5 cm); Haut glatt, farblos oder weißlich. Bewegung schlängelnd oder peitschend.

Öko: Fadenwürmer sind mit etwa 100 000 Arten neben den Insekten die erfolgreichste Gruppe der wirbellosen Tiere. Sie bewohnen alle Land- und Gewässerlebensräume der Erde, selbst heiße Quellen. Viele Arten sind Parasiten von Pflanze, Tier oder Mensch. Pflanzenparasiten, wie das **Rübenälchen** *(Heterodera schachtii)*, ernähren sich von lebendem pflanzlichen Gewebe. Gewässer-Fadenwürmer, wie der etwa einen Millimeter lange **Borsten-Fadenwurm** *(Monhystera stagnalis)*, nehmen vor allem totes organisches Material *(Detritus)* auf. Die frei lebenden Fadenwurm-Arten können in einem Ruhezustand mehrere Jahre ohne Nahrung überdauern. Fadenwürmer sind getrennt geschlechtlich, die meisten legen Eier ab, einige sind lebend gebärend.

Übrigens: Fadenwürmer haben eine genetisch festgelegte Anzahl von Zellen. Verletztes Gewebe kann daher nicht erneuert werden und die Tiere sterben.

2 Weiße Enchyträe

(Enchytraeus albidus) Sta.: Ringelwürmer

L 3,6 cm Jan. – Dez.

Groß; Haut geringelt („Ringelwurm"); weißlich, mit kurzen Borsten. Die zahlreichen Enchyträen-Arten können nur von Spezialisten bestimmt werden. △

Öko: Die häufige Weiße Enchyträe lebt bevorzugt in Kompost- und Misthaufen sowie in Blumentöpfen und im Angespül von Stränden an Nord- und Ostsee. Sie ist ein Zersetzer *(Destruent)*. Weiße Enchyträen sind – wie auch die übrigen Enchyträen-Arten – wichtige Humusbildner.

Übrigens: Enchyträen sind vor allem auch in der Laubstreu der Wälder häufig zu finden. Hier können sie eine Dichte von über 25 000 Tieren pro Quadratmeter erreichen.

D

3 Gewöhnlicher Regenwurm

(Lumbricus terrestris) Sta.: Ringelwürmer

L 30 cm M 0,3 g Jan. – Dez.

Bleistiftdick, Hinterende etwas abgeplattet. Haut geringelt („Ringelwurm"); mit kräftigen Borsten (fühlen!). Gürtel *(Clitellum)* zwischen den „Ringelungen" (Körpersegmenten) 32 – 37 (Lupe!). Färbung der Rückenseite im vorderen Bereich braunviolett, hinten blasser. Der **Kompostwurm** *(Eisenia foetida)* ist kleiner (bis 13 cm lang); jedes seiner Segmente weist eine braune, rote oder purpurne Querbinde auf. △

Öko: Der Gewöhnliche Regenwurm lebt vor allem im lehmigen Oberboden von Wiesen, Gärten und Ackerflächen. Den Kompostwurm findet man in gut durchlüfteten Mist- und Komposthaufen. Beide Arten ernähren sich vor allem von totem Pflanzenmaterial. Regenwürmer sind Zwitter. Die befruchteten Eier werden als Kokon („übergestülpter" Gürtel) abgelegt.

Übrigens: Regenwürmer sorgen nicht nur für die Durchlüftung des Bodens – im Mittel kommen etwa 300 Tiere pro Quadratmeter vor –, sie tragen auch maßgeblich zur Humusbildung bei. Bei Regen kriechen sie aus dem Boden (Name!), damit sie nicht in ihren wassergefüllten Gängen ertrinken. UV-Strahlung tötet sie; deshalb verkriechen sie sich bei Sonnenlicht.

D G – /5 WA A 10

4 Gewöhnlicher Schlammröhrenwurm

(Tubifex tubifex) Sta.: Ringelwürmer

L 7 cm Jan. – Dez.

Dünn; rot gefärbt; Haut geringelt; jede „Ringelung" (Körpersegment) beborstet. Der Wurm sitzt im Boden in senkrechten Röhren. △

Öko: Schlammröhrenwürmer sind Leitformen für stark verschmutzte Gewässer. Sie ernähren sich von Detritus. Ihre Eier legen sie, wie die Regenwürmer, in Gürtelkokons ab.

Übrigens: Die Färbung der Schlammröhrenwürmer kommt durch den roten Blutfarbstoff „Hämoglobin" zustande. Mit dessen Hilfe können die in sauerstoffarmer Umgebung lebenden Tiere Sauerstoff speichern.

D G – /5 – 10 ÜEi A > 2

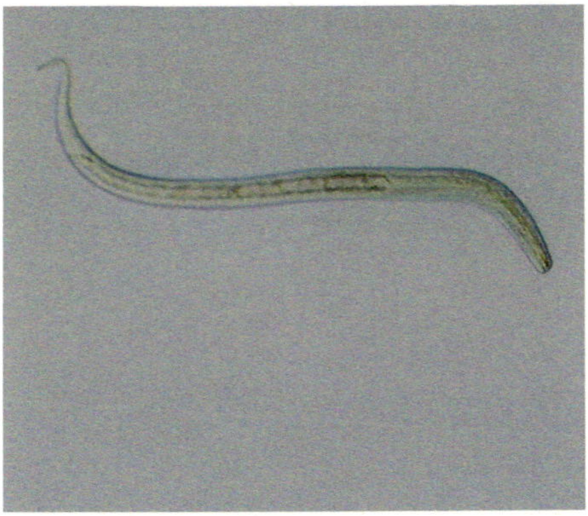

1 Borsten-Fadenwurm △

2 Weiße Enchyträe △

3a Gewöhnlicher Regenwurm △

3b Kompostwurm △

4 Gewöhnlicher Schlammröhrenwurm △

1 Große Wegschnecke

(Arion rufus) Fam.: Wegschnecken

L 15 cm April – Nov.

Haut grobhöckrig; einfarbig orangerot, braun oder schwarz; Fußsaum oft rötlich, Sohle schwarz. Atemöffnung groß, rechts vor der des Mantelschildes. Die sehr ähnliche **Spanische Wegschnecke** *(A. lusitanicus)* hat eine weißliche Sohle und meist eine dunkle Binde entlang der Körperseiten. Die kleinere, bis 3,5 cm lange **Garten-Wegschnecke** *(A. distinctus)* ist gelbgrau bis grauschwarz mit hellgelber Sohle. △

Öko: Die Große Wegschnecke kommt vor allem in Wäldern vor, in Gärten ist sie seltener. Am häufigsten ist hier die Spanische Wegschnecke. Sie gehört zu den erfolgreichen Neubürgern *(Neozoen)*. In Deutschland wurde sie erstmals 1969 entdeckt. Wegschnecken ernähren sich überwiegend von grünen und verrotteten Pflanzen, von Pilzen und von Aas. Die Eier werden im Spätsommer im Boden abgelegt. Nach der Eiablage sterben die Tiere.

Übrigens: Bei der Paarung liegen die zwittrigen Wegschnecken halbkreisförmig zusammen und tauschen Samenträger aus.

K1/D G3 – 8/500 Ü Ei A 1

2 Großer Schnegel

(Limax maximus) Fam.: Schnegel

L 20 cm März – Nov.

Körper lang und schlank (wie bei allen Schnegeln); Rücken im hinteren Teil gekielt, hellbraun, weißlich oder grau, mit Streifen oder Flecken; Sohle weißlich; Fühler rötlich braun. Atemöffnung hinter der Mitte des Mantelschildes. △

Öko: Der Große Schnegel lebt in Wäldern, Hecken und Gebüschen; auch in Gärten kommt er vor. Tagsüber kann man ihn unter Steinen und Totholz finden. Er ernährt sich von anderen Nacktschnecken, von Pflanzen, Pilzen und Aas. Seine Eier legt er im Boden ab. Schnegel überwintern auch in feuchten Kellern.

Übrigens: Große Schnegel werden erst mit etwa eineinhalb Jahren geschlechtsreif.

K1/2/D G2 – 4/300 WSt A 3

3 Netz-Ackerschnecke

(Deroceras reticulatum) Fam.: Ackerschn.

L 6 cm Feb. – Okt.

Mantelschild fast so lang wie Körper; Hinterende keilförmig; Rücken bräunlich oder blaugrau, meist mit Netzzeichnung; Sohle weißlich. △

Öko: Die Netz-Ackerschnecke kommt überall häufig vor, auch in Gärten und auf Äckern. Sie frisst vor allem frische Pflanzenteile.

Übrigens: Die Netz-Ackerschnecke ist einer der häufigsten „Schädlinge" an Kulturpflanzen.

K1 G1/300 WSt A 1

4 Gewöhnliche Schließmundschnecke

(Balea biplicata) Fam.: Schließmundschn.

Ø 0,4/H 2,2 cm März – Nov.

Gehäuse schmal turmförmig und links gewunden, mit 12 – 13 Umgängen; fein gerippt, bräunlich bis bernsteinfarben. △

Öko: Die Gewöhnliche Schließmundschnecke bevorzugt schattige, feuchte Stellen in Wäldern und an Felsen. Auch in Kulturbiotopen ist sie häufig. Die Tiere fressen verrottete Pflanzenteile, Pilze, Algen und Flechten.

Übrigens: Die Jungschnecken schlüpfen unmittelbar bei der Eiablage *(Ovoviviparie)*.

K1 G – /11 WSt A 4

5 Gefleckte Diskusschnecke

(Discus rotundatus) Fam.: Schüsselschn.

Ø 0,7/H 0,3 cm März – Nov.

Gehäuse klein, stark gerippt; mit 4,5 – 6 kantigen Umgängen; seidenglänzend, gelblich braun, meist mit rotbrauner Fleckung (Name!); Nabel tief; Mündung quer elliptisch.

Öko: Die Gefleckte Diskusschnecke kommt häufig in der Laubstreu und anderen feuchten „Verstecken" vor, in Gärten unter Abfall. Sie frisst überwiegend faulende Pflanzenteile.

Übrigens: Die Gehäuse der Diskusschnecken sind flach wie ein Diskus (Name!).

D WSt

1a Große Wegschnecke △

1b Spanische Wegschnecke △

2 Großer Schnegel △

3 Netz-Ackerschnecke △

4 Gehäuse der Gewöhnlichen Schließmundschnecke △

5 Gehäuse der Gefleckten Diskusschnecke, von oben/von unten

1 Weinbergschnecke

(Helix pomatia) Fam.: Schnirkelschnecken

Ø 5,0/H 5,0 cm März – Okt.

Gehäuse groß, stumpf kegelig, mit 5 – 6 Umgängen; Mündung groß, hellgrau bis hellbraun mit dunkleren, oft verwaschenen Bändern; Mundsaum weiß oder rötlich, mit Kalklippe.

Öko: Weinbergschnecken kommen auf Kalkböden im Saum von Hecken, an Waldrändern, auf Magerrasen und in Gärten vor. Sie ernähren sich von frischen Pflanzenteilen. Im Herbst verziehen sie sich in Winterquartiere, in denen sie in Winterstarre gesellig die kalte Jahreszeit überdauern. Das Gehäuse schließen sie dann mit einem Kalkdeckel ab. Während der Winterstarre verlieren sie etwa 15 Prozent an Gewicht. Im März/April verlassen sie ihre Winterquartiere. Die Paarung erfolgt von Mai bis Juli; dabei werden Spermienpakete ausgetauscht. Die befruchteten Eier legen die Tiere in einer selbst gegrabenen Höhle im Boden ab. Nach etwa einem Monat schlüpfen die Jungtiere. Erst im dritten Lebensjahr sind sie geschlechtsreif.

Übrigens: Weinbergschnecken sind die größten europäischen Land-Gehäuseschnecken. An den Wachstumsstreifen der Kalklippe (ein Streifen pro Jahr) lässt sich ihr Alter ablesen.

K1 G1/60 WSt A8

2 Rötliche Laubschnecke

(Perforatella incarnata) Fam.: Schnirkelschn.

Ø 1,6/H 1,1 cm März – Okt.

Gehäuse flach kegelig, mit 6 – 6,5 Umgängen; matt, körnig erscheinend durch sehr feine Schüppchen (Lupe!); gelblich braun und durchscheinend; Mündung stark verbreitert, mit erhabener, rötlicher Lippe; Nabel eng, teilweise verdeckt. Schnecke schwärzlich.

Öko: Die Rötliche Laubschnecke lebt vor allem in Krautschicht und Laubstreu feuchter Gebüsche und Wälder. Sie ernährt sich überwiegend von faulenden Pflanzenteilen.

Übrigens: Der Name der Schneckenart geht auf deren Vorkommen in der Laubstreu und auf die rötliche Lippe des Gehäuses zurück.

D G – /70 WSt A2

3 Hain-Schnirkelschnecke

(Cepaea nemoralis) Fam.: Schnirkelschn.

Ø 2,5/H 2,2 cm März – Okt.

Lippe zumeist dunkelbraun. Bei der **Garten-Schnirkelschnecke** *(C. hortensis)* ist sie weiß. Färbung beider Arten sehr variabel; Grundfärbung zumeist gelblich oder rötlich; gebändert. Das Gehäuse der **Baum-Schnirkelschnecke** *(Arianta arbustorum)* hat 5 – 6 Umgänge. Ihr Fuß ist schwarz. △

Öko: Die Hain-Schnirkelschnecke ist vor allem auf Ruderalflächen mit Brennnesseln häufig zu finden. Im Sommer fällt sie zeitweilig in Trockenstarre. Die Garten-Schnirkelschnecke lebt bevorzugt in Waldgebieten, ebenso die Baum-Schnirkelschnecke. Die genannten Schnirkelschnecken-Arten ernähren sich von frischen Pflanzenteilen und überwintern in Bodenverstecken in Winterstarre.

Übrigens: Es sind 89 unterschiedlich gefärbte Gehäusetypen von der Hain-Schnirkelschnecke bekannt. Die Schnirkelschnecken werden auch „Bänderschnecken" genannt.

K1 G1/50 WSt A3

4 Genabelte Strauchschnecke

(Bradybaena fruticum) Fam.: Strauchschn.

Ø 2,3/H1,9 cm März – Nov.

Gehäuse durchscheinend (Fleckung und Herzschlag des sonst hellen Tieres sind erkennbar), weißlich, grünlich gelb oder rötlich braun; außen oft mit einem dunklen Band (vgl. Schnirkelschnecken); stumpf kegelig, mit welliger Spiralstruktur; 5 – 6,5 Umgänge; Nabel tief; Mündung rund bis leicht elliptisch, mit schwach ausgebildeter heller Lippe.

Öko: Die Genabelte Strauchschnecke bevorzugt feuchte, schattige Standorte. Im Sommer ernährt sie sich von grünen, im Herbst von faulenden Pflanzenteilen.

Übrigens: Strauchschnecken decken ihren „Kalkhunger" unter anderem dadurch, dass sie andere Schnecken „überfallen" und deren Gehäuse benagen. Die Anlagen für das dunkle Band werden rezessiv vererbt.

K1/D G1/30 WSt A4

1 Weinbergschnecke

2 Rötliche Laubschnecke

3a Varianten der Hain-Schnirkelschnecke △

3b Baum-Schnirkelschnecke

4 Genabelte Strauchschnecke/von unten ist der tiefe Nabel sichtbar

1 Gewöhnliche Bernsteinschnecke

(Succinea putris) Fam.: Bernsteinschnecken

Ø 1,1/H 2,2 cm März – Nov.

Gehäuse dünnschalig, durchscheinend, zerbrechlich, glänzend, bernsteinfarben (Name!); mit 3 Umgängen, der letzte ist bauchig aufgeweitet. Das große Tier kann sich nicht vollständig ins Gehäuse zurückziehen. △

Öko: Die Gewöhnliche Bernsteinschnecke kommt sehr häufig im Pflanzengürtel von Gewässern vor. Sie ernährt sich von frischen Pflanzen, von Aufwuchs auf Sumpfpflanzen (Einzeller, Algen) sowie von Aas und Kot. Der gallertige Laich wird auf feuchtem Boden oder an Sumpfpflanzen abgelegt.

Übrigens: Über Vogelkot können Bernsteinschnecken sich mit den Eiern eines Saugwurms infizieren. Im Körper der Schnecke entwickeln sich dann schlauchförmige, grün-weiß gestreifte Entwicklungsstadien des Wurms, die in die Fühler wandern und sich dort tagsüber pulsierend bewegen. Farbe und Bewegung locken Vögel an, die die Schnecken fressen. So wird der Wurm auf Vögel übertragen, in deren Enddarm er als ausgewachsenes Tier lebt.

K1/D G1/100 WSt A3

2 Flussnapfschnecke

(Ancylus fluviatilis) Fam.: Flussnapfschnecken

L 0,7/B 0,5/H 0,3 cm Jan. – Dez.

Gehäuse napfförmig (Name!), mit gitterförmiger Struktur; Spitze nach hinten rechts gebogen. Das Gehäuse der **Teichnapfschnecke** (*Acroloxus lacustris*; RLV; Fam. Teichnapfschnecken) ist flacher, die Gehäusespitze ist nach hinten links gebogen.

Öko: Flussnapfschnecken kommen häufig vor allem in sauberen Fließgewässern vor; Teichnapfschnecken findet man dagegen ausschließlich in stehenden Gewässern. Alle Arten ernähren sich vor allem vom Aufwuchs zum Beispiel auf Steinen und Pflanzen.

Übrigens: In neuerer Zeit wurden verschiedene außereuropäische Flußnapfschnecken-Arten in unsere Gewässer eingeschleppt.

K1 G –/10 WA

3 Spitz-Schlammschnecke

(Lymnaea stagnalis) Fam.: Schlammschn.

Ø 3/H 6 cm Jan. – Dez.

Gehäuse spitz ausgezogen, mit 7,5 Umgängen. Fühler dreieckig. △

Öko: Spitz-Schlammschnecken sind in pflanzenreichen stehenden und langsam fließenden Gewässern häufig anzutreffen. Sie fressen Wasserpflanzen sowie Aas und „weiden“ den Aufwuchs auf Steinen und Wasserpflanzen (Einzeller, Algen) und den Bakterienfilm auf der Wasseroberfläche ab. Bei der Paarung bilden sie oft Paarungsketten aus mehreren Tieren. Auch Selbstbefruchtung kommt vor. Die bis zu sechs Zentimeter langen Laichballen werden meist auf der Unterseite von Schwimmblättern, z. B. von See- und Teichrose, abgelegt.

Übrigens: Im Sommer nehmen Schlammschnecken über die Atemhöhle Luftsauerstoff auf (Lungenatmung); im Winter halten sie sich auf dem Gewässerboden auf und betreiben Hautatmung. Aufgenommene Luft macht sie leichter als Wasser und so sind sie in der Lage, an der Unterseite des Wasserhäutchens entlang zu kriechen. Ihre Geschwindigkeit beträgt dabei vier bis fünf Zentimeter pro Minute. Die **Leberegelschnecke** *(Galba truncatula)* ist Zwischenwirt des Großen Leberegels, der in den Gallengängen von Rindern lebt.

K1/D G 50/300 WA A4

4 Eiförmige Schlammschnecke

(Radix ovata) Fam.: Schlammschnecken

Ø 1,5/H 2,3 cm Jan. – Dez.

Gehäuse gelblich bis bräunlich; Mündung eiförmig erweitert. Bei der **Ohr-Schlammschnecke** (*R. auricularia*; RLV) ist die Mündung ohrförmig verbreitert. △

Öko: Beide Schlammschnecken-Arten bevorzugen pflanzenreiche Stillgewässer und Fließgewässer mit geringer Strömung. Sie sind wie die Spitz-Schlammschnecke „Allesfresser“.

Übrigens: Aus einer Eizelle können durch Teilung bis zu 16 Schnecken entstehen.

K1/D G –/400 WA A2

1 Gewöhnliche Bernsteinschnecke △

2a Flussnapfschnecke

2b Teichnapfschnecke

3a Spitz-Schlammschnecke △

3b Leberegelschnecke

4a Eiförmige Schlammschnecke △

4b Ohr-Schlammschnecke △

1 Quell-Blasenschnecke

(Physa fontinalis) Fam.: Blasenschnecken

Ø 0,7/H 1,2 cm Jan. – Dez.

Gehäuse durchscheinend; links gewunden, mit 4 Umgängen, letzter Umgang bauchig; gelb bis bräunlich gelb. Schnecke gelblich, Mantel schwarz pigmentiert; Fühler lang, zugespitzt. △

Öko: Quell-Blasenschnecken kann man in sauberen, pflanzenreichen stehenden und langsam fließenden Gewässern finden. Sie fressen Wasserpflanzen und Aufwuchs (Einzeller, Algen). Ihre kleinen Laichballen von etwa einem Zentimeter Durchmesser legen sie vor allem an den Blättern von Wasserpflanzen ab.

Übrigens: Der Name dieser Schneckenart ist missverständlich. Nicht Quellen, sondern pflanzenreiche Kleingewässer sind ihr typischer Lebensraum.

K1 G – /30 WA A 3 RLV

2 Spitze Sumpfdeckelschnecke

(Viviparus contectus) Fam.: Sumpfdeckelschn.

Ø 3/H 4 cm Jan. – Dez.

Gehäuse rundlich-kegelförmig, mit 6 – 6,5 Umgängen und einer deutlich fühlbare Spitze. Das Gehäuse der **Gewöhnlichen Sumpfdeckelschnecke** (*V. viviparus*; RL2) ist kleiner und hat nur 5,5 – 6 Umgänge. Es ist graugrün bis oliv gefärbt, mit 3 rötlich braunen Bändern. △

Öko: Die Spitze Sumpfdeckelschnecke lebt in pflanzenreichen Stillgewässern. Die Gewöhnliche Sumpfdeckelschnecke findet man in Fließgewässern mit geringer Strömung. Beide Kiemenschnecken ernähren sich von Aufwuchs, von Plankton und von totem organischem Material. Sie sind getrennt geschlechtlich. Bei den kleineren Männchen ist der rechte Fühler stark verdickt. Sie sind lebend gebärend (*vivipar*; s. wiss. Name!) und bringen zehn bis zwölf etwa einen Zentimeter große Jungtiere zur Welt.

Übrigens: Am Fuß der Sumpfdeckelschnecken sitzt ein Horndeckel (Name!), mit dem sie beim Zurückziehen das Gehäuse verschließen. Dieser wächst mit; man kann dies an den Wachstumsringen des Deckels erkennen (Lupe!).

K1/D G – /10 – 12 WA/St A 10 RL3

3 Posthornschnecke

(Planorbarius corneus) Fam.: Tellerschnecken

Ø 3,4/H 1,2 cm März – Nov.

Gehäuse bräunlich; groß und kompakt, mit 5 – 5,5 abgerundeten Umgängen. Schnecke schwarz. Die **Gewöhnliche Tellerschnecke** *(Planorbis planorbis)* ist kleiner; ihr Gehäuse hat 5,5 – 6 gekielte Umgänge.

Öko: Die Wärme liebende Posthornschnecke bevorzugt flache, pflanzenreiche Kleingewässer des Tieflandes. Sie hält sich häufig auf dem Gewässerboden auf. Ihre Nahrung besteht aus faulenden Wasserpflanzen, Aufwuchs (Einzeller, Algen) und Aas. Die runden Laichballen von etwa eineinhalb bis drei Zentimetern Durchmesser legt sie vor allem an Blättern und Stängeln von Wasser- und Schwimmpflanzen ab.

Übrigens: Der Name der Schneckenart geht auf das gewundene Blasinstrument (Posthorn) zurück, mit dem einst der „Briefträger“ die Ankunft der Postkutsche ankündigte. Das Blut der Posthornschnecken (und der übrigen Tellerschnecken) enthält den roten Blutfarbstoff Hämoglobin. Mithilfe dieses Blufarbstoffs sind sie in der Lage, Sauerstoff zu speichern und können sich so länger auf dem Gewässerboden aufhalten als zum Beispiel die Schlammschnecken, die kein Hämoglobin besitzen.

D/K1 G20/70 WSt A 5

4 Scharfe Tellerschnecke

(Anisus vortex) Fam.: Tellerschnecken

Ø 1/H 0,13 cm März – Nov.

Gehäuse durchscheinend, bräunlich gelb; flach tellerförmig, mit 6 – 7 Umgängen; unterhalb der Mitte mit scharfem Kiel. △

Öko: Die Scharfe Tellerschnecke bevorzugt (wie auch andere kleine Tellerschnecken) saubere, pflanzenreiche Kleingewässer. Sie ernährt sich von Aufwuchs, vor allem von Kieselalgen, und von Detritus.

Übrigens: Die kleinen Tellerschnecken können auch Trockenzeiten in Tümpeln überdauern. Sie verschließen dann ihre Mündung mit einem Kalkpfropf.

K1/D G – /10 WSt A 2

1 Quell-Blasenschnecke △

2a Spitze Sumpfdeckelschnecke △

3a Posthornschnecke

2b Mit Horndeckel verschlossenes Gehäuse einer Sumpfdeckelschnecke

3b Gewöhnliche Tellerschnecke

4 Scharfe Tellerschnecke △

1 Gewöhnliche Teichmuschel

(Anodonta anatina) Fam.: Fluss- und Teichm.

L 9,5/B 3,0/H 6,0 cm Jan. – Dez.

Schale ohne Schloss und Zähne (wie bei allen Teichmuscheln); rhombisch-oval, meist mit gut ausgebildetem Schild. Die Schale der **Großen Teichmuschel** (*A. cygnaea*; RL2) ist bis 20 cm lang, breit bis lang gestreckt oval und stark gewölbt. △

Öko: Die Gewöhnliche Teichmuschel ist (wie auch die übrigen Teichmuschel-Arten) in Weihern, Seen, Talsperren und an strömungsarmen Stellen von Fließgewässern zu finden. Sie sitzt als Filtrierer im Boden und ernährt sich von Plankton und Detritus. Die Weibchen betreiben Brutpflege. In ihren Kiemen entwickeln sich im Winter die Eier zu Larven. Diese bohren sich in die Flossenhaut von Fischen ein, wo sie als Parasiten leben.

Übrigens: Ein kleiner Fisch, der Bitterling, ist von Teich- und Flussmuscheln abhängig: Die Weibchen legen ihre Eier (40 – 100) in den Kiemenraum der Muscheln, in deren Schutz sie sich zu Jungfischen entwickeln.

K1/D G – /600 000 WA A 9 RLV

2 Malermuschel

(Unio pictorum) Fam.: Fluss- und Teichm.

L 9,0/B 3,1/H 4,1 cm Jan. – Dez.

Schale mit Schloss und Schlosszähnen (wie bei allen Flussmuscheln); schmal-zungenförmig, hinterer Teil stark verlängert; gelblich grün. Die ähnliche **Große Flussmuschel** (*U. tumidus*; RL2) hat eine spitz eiförmige, bräunlich grüne Schale. Die Schale der **Dicken Flussmuschel** (*U. crassus*; RL1) ist dick, länglich oval und dunkelbraun. △

Öko: Flussmuscheln kommen in sauberen Fließ- und Stillgewässern vor. Die Dicke Flussmuschel findet man allerdings nur in schnell fließenden Gewässern mit Sand- oder Kiesboden. Ernährung s. Teichmuschel. Die Larven entwickeln sich an den Kiemen von Fischen.

Übrigens: Einst haben Maler in den Schalen der Malermuschel ihre Farben angerührt (Name!).

D/K1 G – /400 000 WA A 25 RL3

3 Wandermuschel

(Dreissena polymorpha) Fam.: Dreikantm.

L 4,0/B 2,0/H 1,8 cm Jan. – Dez.

Gehäuse dreikantig; gelblich mit bräunlichen oder bläulichen Zickzacklinien.

Öko: Wandermuscheln besiedeln große Fließ- und Stillgewässer, wie Kanäle und Seen. Auch im Brackwasser treten sie auf. Mithilfe von Eiweißfäden, die vom Fuß ausgeschieden werden, können sie sich in Klumpen am Untergrund (Steinen, Holzpfählen usw.) festsetzen. Sie ernähren sich als Filtrierer vor allem von Detritus und Plankton. Ende Mai legen die Weibchen ihre Eier frei ins Wasser ab. Hier findet die Besamung und die Entwicklung zu einer im Plankton lebenden Schwimmlarve statt. Nach acht Tagen setzt sich die Jungmuschel fest.

Übrigens: Die Wandermuschel ist um 1850 mit Schiffen und Wasservögeln aus ihrer Heimat – Gewässern am Kaspischen und am Schwarzen Meer – nach Mitteleuropa „eingewandert". Daher rührt ihr Name. Mit der Besiedlung großer Binnengewässer sind auch die entsprechenden Beutegreifer, vor allem Tauchenten, der Wandermuschel gefolgt.

D/K1 G – / > 1 000 000 WA A 10 Neo

4 Gewöhnliche Kugelmuschel

(Sphaerium corneum) Fam.: Kugelmuscheln

L 1,2/B 0,8/H 0,9 cm Jan. – Dez.

Schale gelblich bis graubraun; kirschkernförmig, Wirbel etwa in der Mitte. Die Schalen der **Erbsenmuscheln** *(Pisidium spec.)* sind kleiner und linsenförmig. Der Wirbel liegt immer deutlich hinter der Schalenmitte. △

Öko: Die Gewöhnliche Kugelmuschel besiedelt vor allem stehende Gewässer und Fließgewässer mit geringer Strömung. Erbsenmuscheln kommen auch in großen Fließgewässern mit starker Strömung vor. Alle diese Muscheln ernähren sich von Detritus und Plankton.

Übrigens: Kugelmuscheln sind Zwitter. Sie betreiben Brutpflege. Die Eier entwickeln sich in den Kiemen zu Jungmuscheln, die nach einem Jahr das „Muttertier" verlassen.

D/K1 G – /20 WA A 3

1 Gewöhnliche Teichmuschel △

2a Malermuschel/Schale mit Schloss △

3 Wandermuschel

2b Dicke Flussmuschel △

4a Gewöhnliche Kugelmuschel △

4b Große Erbsenmuschel △

1 Europäischer Flusskrebs

(Astacus astacus) Ord.: Zehnfußkrebse

L 25 cm Jan. – Dez.

Olivgrün bis braun. Der ähnliche **Amerikanische Flusskrebs** *(Orconectes limosus)* trägt rostrote Querbinden auf den Hinterleibsringen.

Öko: Der nachtaktive Europäische Flusskrebs kommt in sauberen Fließgewässern mit Uferhöhlen vor. Er erbeutet Würmer, Insekten, Wasserschnecken und Muscheln. Das Weibchen trägt die Eier während des ganzen Winters mit sich. Im Mai schlüpfen die Jungkrebse. Der Amerikanische Flusskrebs verträgt auch leicht verschmutztes Wasser. Er benötigt keine Uferhöhlen und ist auch tagsüber zu beobachten.

Übrigens: Um 1870 rottete die Krebspest, eine Pilzkrankheit, den Europäischen Flusskrebs nahezu aus. Als Ersatz setzte man ab 1890 den Amerikanischen Flusskrebs in europäischen Gewässern aus. Beide Arten sind gute Speisekrebse.

K2/D G1/100 WA A 20 RL1 J

2 Chinesische Wollhandkrabbe

(Eriocheir sinensis) Ord.: Zehnfußkrebse

L 7,5 cm Jan. – Dez.

Große Scheren (besonders der ♂) mit dichtem Pelz besetzt.

Öko: Die Chinesische Wollhandkrabbe lebt in zahlreichen mitteleuropäischen Flüssen. Am Ende ihres Lebens, im Alter von etwa fünf Jahren, ziehen die Tiere zum Laichen ins Meer. Die Jungtiere wandern in die Flüsse zurück. Als Allesfresser treten sie in Nahrungskonkurrenz zu Fischen. Ihr Massenauftreten kann zum Problem werden, denn sie zerstören Fischernetze und fressen die gefangenen Fische.

Übrigens: Wollhandkrabben besiedeln den Yangtse Kiang in China auf einer Länge von 1300 Kilometern. Im Jahr 1912 wurden die Tiere erstmals in der Aller gesichtet. 1928 fand man sie bei Prag in der Moldau. Die Jungtiere sind auf ihrer Wanderung elbaufwärts von Hamburg bis Dresden drei Jahre lang unterwegs.

K1/2 G1/– WA A 5 Neo

3 Gewöhnlicher Wasserfloh

(Daphnia pulex) U. Kl.: Blattfußkrebse

L 4 mm März – Nov.

Schale durchsichtig; zweiklappig, in Dorn verlängert. Es gibt zahlreiche ähnliche Arten. Häufig ist auch der **Langdorn-Wasserfloh** *(D. longispina)*. **Rüsselkrebschen** *(Bosmina longirostris)* haben einen langen „Rüssel". △

Öko: Der Gewöhnliche Wasserfloh kommt in Tümpeln und Teichen oft massenhaft vor. Er ernährt sich von pflanzlichem Plankton.

Übrigens: Dauereier werden im Gefieder von Wasservögeln in andere Gewässer verfrachtet.

K1 G20/10 Ü Ei A 3 (Mon.)

4 Muschelkrebse

(Ostracoda) Ord.: Muschelkrebse

L 0,7 mm Jan. – Dez.

Schale zweiklappig (Name!). Es gibt zahlreiche ähnliche Muschelkrebs-Arten. △

Öko: Muschelkrebse findet man in nahezu allen Gewässern. Der **Augen-Muschelkrebs** *(Cypria ophtalmica)* lebt meist in pflanzenlosen, schlammigen Kleinteichen. Er ernährt sich von faulenden Stoffen. Andere Arten fressen Algen.

Übrigens: Wie versteinerte Muschelkrebse beweisen, gab es sie bereits im Erdaltertum.

D WA/Ü Ei G1 – 2/2 – 50 A < 1

5 Gewöhnlicher Hüpferling

(Cyclops strenuus) Ord.: Ruderfußkrebse

L 3 mm Okt. – Mai

Einzelnes Auge in der Kopfmitte. ♀ mit 2 Eisäckchen. **Schwebekrebse** *(Diaptomus spec.)* haben nur 1 Eisäckchen. △

Öko: Der Gewöhnliche Hüpferling ist in stehenden Gewässern sehr häufig. Er ernährt sich von kleinen Planktontieren. Befruchtete Eier trägt das Weibchen in den Eisäckchen mit.

Übrigens: Hüpferlinge schwimmen mit ruckartigen Bewegungen (Name!).

K1/2 G1/ < 100 WA A < 1

1a Europäischer Flusskrebs

1b Amerikanischer Flusskrebs

2 Chinesische Wollhandkrabbe, ♂

3a Gewöhnl. Wasserfloh △

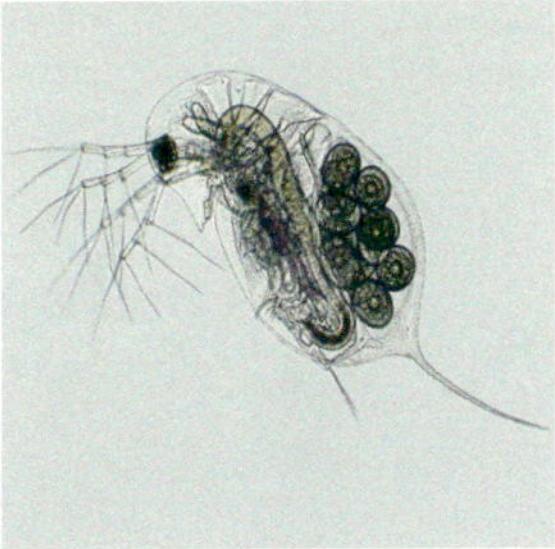

3b Langdorn-Wasserfloh △

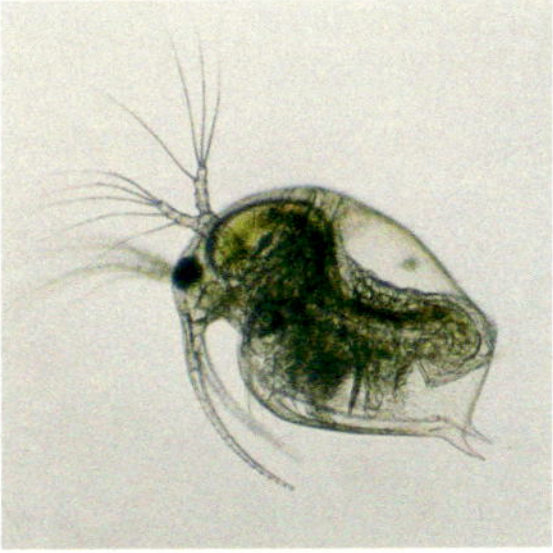

3c Rüsselkrebschen △

4 Augen-Muschelkrebs △

5a Gewöhnlicher Hüpferling, ♀ mit Eiballen △

5b Schwebekrebs, ♂ △

1 Bachflohkrebs

(Gammarus pulex) Ord.: Flohkrebse

L 2,4 cm Jan. – Dez.

Hellbraun bis grau; Körper seitlich zusammengedrückt; 2 lange Antennenpaare. Der **Flussflohkrebs** *(G. roeseli)* ist graugrün bis graubraun. Sein Hinterleib ist in zwei spitze Dornen verlängert. △

Öko: Bachflohkrebse halten sich in sandigen und steinigen Bächen und Flüssen, seltener in Seen, zwischen Wasserpflanzen auf. Sie ernähren sich von abgestorbenen Pflanzen und verwesenden Kleintieren. Bachflohkrebse bewegen sich fort indem sie sich seitlich voran schieben. Sie können sogar gegen die Strömung laufen. Bei der Paarung gibt das größere Männchen Sperma in die Brutkammer des Weibchens ab. Die Jungtiere entwickeln sich in dieser Brutkammer.

Übrigens: Je nach Salzgehalt und Verschmutzungsgrad des Wassers kommen in unseren Fließgewässern unterschiedliche Flohkrebsarten vor. Darunter sind auch einige in neuerer Zeit eingeschleppte Arten (Neubürger).

D G6 – 9/8 – 30 WA A 1

2 Wasserassel

(Asellus aquaticus) Ord.: Asseln

L 1,2 cm Jan. – Dez.

Graubraun; typische Asselform.

Öko: Wasserasseln leben in stehenden oder langsam fließenden Binnengewässern. Dort halten sie sich an Falllaub, an Wasserpflanzen und zwischen Steinen auf. Sie fressen abgestorbene Pflanzen- und Tierreste. Während der Paarung hält sich das Männchen acht Tage lang auf dem Rücken des Weibchens fest. Die Jungtiere wachsen in der Bruttasche der Mutter heran, die von deren Brustbeinen gebildet wird. Wasserasseln sind Nahrungstiere unter anderem für zahlreiche Fischarten und für die Wasseramsel (S. 49).

Übrigens: Wasserasseln leben selbst im Winter in flachem Wasser. Das Einfrieren im Eis überstehen sie schadlos.

D G1/200 WA A 2

3 Kellerassel

(Porcellio scaber) Ord.: Asseln

L 1,6 cm Jan. – Dez./März – Nov.

Dunkelgrau bis grau auf gelblichem Grund; mit Körnelung in Querreihen. Die **Mauerassel** *(Oniscus asellus)* ist dunkelgrau mit hellen Flecken seitlich der Rückenmitte. △

Öko: Kellerasseln findet man nicht nur in feuchten Kellern, sie besiedeln nahezu alle Landlebensräume, z. B. die Laubstreu von Wäldern oder den Kompost. Sie ernähren sich von pflanzlichen Abfällen und sind wichtige Zersetzer *(Destruenten)*. Sie sind nachtaktiv; tagsüber halten sie sich an feuchten Orten versteckt. An den Hinterleibsbeinen tragen sie Kiemen. Diese müssen stets feucht gehalten werden. Die Jungtiere wachsen in einer Bruttasche an der Bauchseite des Weibchens heran. Asseln sind Beutetiere für zahlreiche Vogelarten, für Spitzmäuse und Maulwürfe.

Übrigens: In einer Petrischale mit angefeuchtetem Rundfilter lässt sich an einem rechteckigen Stück Laubblatt von abgemessener Fläche die Nahrungsaufnahme der Tiere gut verfolgen.

D G1 – 3/12 – 90 WA/WSt A 2

4 Rollassel

(Armadillidium vulgare) Ord.: Asseln

L 1,5 cm März – Sept.

Schwarz glänzend; Rückenschild des 2. Körperringes größer; im eingerollten Zustand mit dem Saftkugler (S. 99) zu verwechseln, jedoch mit mehr Platten am Körperhinterende. △

Öko: Rollasseln besiedeln sonnige, heiße Standorte mit kalkhaltigem Boden. Am Tage rollen sie sich zusammen, um die Verdunstung herabzusetzen. Bei Bedrohung kugeln sie sich ebenfalls ein. Auch die Beine verschwinden in der Kugel. Die Tiere bauen Pflanzenmaterial ab. Beim Vordringen in Boden und Falllaub nutzen sie ihren Rückenschild als Schaufel.

Übrigens: Früher wurden Rollasseln mitunter als Pillen eingenommen. Aufgrund ihrer Kugelform sprach man ihnen Heilkraft gegen manche Krankheiten zu.

D WSt A 4

1a Bachflohkrebs, ♂ und ♀ △

1b Flussflohkrebs △

2 Wasserassel

3a Kellerassel △

4 Rollassel mit Jungen/eingerolltes Tier △

3b Mauerassel △

1 Gewöhnlicher Steinläufer

(Lithobius forficatus) Kl.: Hundertfüßer

L 3,2 cm März – Nov.

Meist dunkel rotbraun. Kopf rund mit einem Paar schnurförmiger Fühler; 15 Körperringe mit je einem Beinpaar, das letzte Beinpaar deutlich verlängert. In Mitteleuropa kommen noch etwa 20 ähnliche Steinläufer-Arten vor. △

Öko: Der Gewöhnliche Steinläufer ist in Gärten und auf Ruderalflächen, aber auch in der Streuschicht lichter Wälder häufig zu finden. Unter Baumrinde, unter Steinen und Laub sowie unter alten Brettern kann man die Tiere entdecken. Sie gehen nachts auf Beutefang. Vor allem Springschwänze, Spinnen und Asseln bilden ihre Nahrung. Ihre Beutetiere ergreifen sie mit den Mundwerkzeugen und machen sie mit einem Gift, das sie in deren Körper spritzen, sofort bewegungsunfähig. Das Weibchen legt die Eier einzeln ab. Die farblosen Jungen haben zunächst nur sieben Beinpaare, erst nach fünf der etwa zehn Häutungen haben sie die volle Anzahl an Beinen erreicht.

Übrigens: Verlorene Beine können Steinläufer in mehreren Häutungen allmählich ersetzen.

K2 G – /30 E3 WA/WSt A6

2 Erdläufer

(Geophilus spec.) Kl.: Hundertfüßer

L 4 cm März – Nov.

Hellbraun, mit gelbrotem Kopf; wurmähnlich; Fühler lang; 49 – 57 Beinpaare.

Öko: Erdläufer kommen insbesondere auf feuchten Böden in Gärten und in lichten Wäldern vor. Sie leben unter Steinen und graben sich bis zu 40 Zentimeter tief in den Erdboden ein. Sie erbeuten kleine Würmer, Insekten und deren Larven sowie kleine Spinnentiere, die sie mit einem Gift töten. Das Weibchen bewacht die Eier, die es in kleinen Erdhöhlen ablegt. Bei Gefahr rollt sich das Tier ein. Die Beine befinden sich dabei an der Außenseite.

Übrigens: Mithilfe eines Wirkstoffs aus Drüsen auf der Bauchseite vermögen Erdläufer Feinde abzuwehren.

K2 G – /20 – 400 E2 WA/WSt A5

3 Schnurfüßer

(Julus spec.) Kl.: Doppelfüßer

L 5 cm März – Nov.

Dunkelbraun bis schwarz; walzenförmig und mehr als 10-mal so lang wie breit; bis zu 55 Körpersegmente mit je zwei kurzen Beinpaaren. In Mitteleuropa kommen über 50 Schnurfüßer-Arten vor, die auch Experten nur mit dem Mikroskop unterscheiden können.

Öko: Schnurfüßer findet man in Gärten, Parks und Wäldern. Dort leben sie versteckt unter Steinen, in der Laubstreu, in Baumstubben und unter der Rinde von Bäumen. Sie ernähren sich von verfaulenden Pflanzenresten. Werden sie bedroht, können sie sich spiralig zusammenrollen.

Übrigens: Der Panzer der Schnurfüßer ist durch Kalkeinlagerungen dermaßen verstärkt, dass er einem Druck standhalten kann, der dem 14 000fachen ihrer eigenen Körpermasse entspricht. (Zum Vergleich: ein Mensch, wollte er ähnliches leisten wie der Schnurfüßer, müsste den Druck von zwei auf ihm lastenden ausgewachsenen Elefanten ertragen!)

D G – /20 – 200 E1 WA/WSt A2

4 Saftkugler

(Glomeris marginata) Kl.: Doppelfüßer

L 2 cm März – Nov.

Glänzend schwarz; Segmentränder weiß gesäumt. Oft sieht man ihn nur in zusammengerolltem Zustand. Es gibt in Mitteleuropa rund 14 sehr ähnliche Saftkugler-Arten. Achtung: der Saftkugler kann mit der Rollassel (S. 97) verwechselt werden! △

Öko: Saftkugler leben an feuchten, humosen Stellen, unter Falllaub, Altholz oder Steinen. Sie ernähren sich von sich zersetzenden Pflanzenteilen. Bei Gefahr rollen sich die Tiere zu einer Kugel zusammen.

Übrigens: Je nach Stärke der Störung bleiben die Tiere nur kurze Zeit oder über viele Stunden zusammengerollt. Zur Abwehr von Feinden können sie außerdem eine Flüssigkeit absondern.

D G – /30 E3 WA/WSt A6 – 7

1 Gewöhnlicher Steinläufer △

2 Erdläufer

3 Schnurfüßer

4 Saftkugler/eingerolltes Tier △

1 Stimmgabel-Baldachinspinne

(Linyphia triangularis) Fam.: Baldachinspinnen

L 8 mm Mai – Okt.

Hinterkörper etwas höher als breit, oberseits blattartig gezeichnet. Kopf-Brust-Abschnitt mit schwarzer, nach vorne geöffneter Y-förmiger Zeichnung („Stimmgabel"). △

Öko: In niedrigem Pflanzenbewuchs sind die Netze der Baldachinspinnen besonders im Spätsommer und im Herbst zahlreich zu beobachten. Sie bestehen aus einem von unten verspannten „Baldachin" und darüber einem Gewirr von Fäden, das fliegende Insekten abstürzen lässt. Die Spinne lauert mit dem Bauch nach oben unter dem Teppich. Sie ergreift die Beute durch den Teppich hindurch und lähmt sie mit ihrem Biss.

Übrigens: Baldachinspinnen pflanzen sich von August bis Oktober fort. Die Männchen sind an verdickten Beintastern und stark vergrößerten Zangen zu erkennen.

K2/3 G6 – 8/70 WSt A ♂ 5 (Mon.)/♀ 1

2 Garten-Kreuzspinne

(Araneus diadematus) Fam.: Radnetzspinnen

L 1,5 cm April – Okt.

Hinterleib dick, gelblich braun, mit weißlicher Kreuzzeichnung. Beine und Kopf-Brust-Abschnitt deutlich behaart. Ähnlich, aber an der Rückenzeichnung zu unterscheiden, sind die **Vierfleck-Kreuzspinne** *(A. quadratus)* und die **Marmorierte Kreuzspinne** *(A. marmoreus)*. △

Öko: Das Radnetz, das man häufig in Gärten und an Gebäuden findet, besteht aus zahlreichen Speichen, über die eine klebrige Fangspirale gelegt ist. Paarungen finden ab August statt. Im September oder Oktober stellt das Weibchen meist mehrere Eikokons her, die außen mit gelber Fadenwatte umgeben sind. Die Eier überwintern und die Jungspinnen schlüpfen im folgenden Frühjahr. Sie werden erst im zweiten Lebensjahr geschlechtsreif.

Übrigens: Die Netze der Radnetzspinnen, zu denen auch die Kreuzspinnen zählen, stellen den Prototyp eines Spinnennetzes dar.

K2/3 G1/500 – 1000 WSt Ü Im/Ei A 5

3 Dunkle Wolfsspinne

(Pardosa lugubris) Fam.: Wolfsspinnen

L 7 mm April – Sept.

Vorderkörper oberseits hell, an den senkrecht abfallenden Seiten dunkel. Augen groß. △

Öko: Die Dunkle Wolfsspinne und verwandte Arten bewohnen in großer Anzahl offene Bodenstellen an Wald- und Wegrändern. Sie bauen keine Netze, sondern jagen ihre Beute frei. Nach der Paarung im Mai bauen die Weibchen einen festen Eikokon, den sie auf den Spinnwarzen mit sich tragen. Ab Juni schlüpfen die Jungen. Sie werden dann von den Weibchen noch bis in den September auf dem Hinterleib getragen.

Übrigens: Ähnlich wie die Wolfsspinnen sind auch die **Raubspinnen** (Fam. *Pisauridae*) am Boden jagende Räuber. Auch sie bauen keine Netze.

K2/3 G1/50 WSt

4 Veränderliche Krabbenspinne

(Misumena vatia) Fam.: Krabbenspinnen

L ♂ 4 mm, ♀ 1 cm April – Aug.

Beine seitlich flach ausgebreitet; die beiden Vorderbeinpaare deutlich länger und kräftiger als die hinteren. Das ♀ kann seine Färbung der des Untergrundes anpassen; oft mit 2 roten Streifen am dicken Hinterleib. ♂ weißlich bis grün mit dunkelbrauner Zeichnung. △

Öko: Krabbenspinnen sind tagaktive „Ansitzjäger". Meist sitzen sie auf Blüten und lauern dort Insekten auf. Auf die Veränderliche Krabbenspinne wird man aufgrund ihrer Farbanpassung oft nur dadurch aufmerksam, dass man ein Beutetier, das die Spinne gerade aussaugt, leblos von einer Blüte herabhängen sieht – etwa eine Schwebfliege, eine Honigbiene oder einen Schmetterling.

Übrigens: In Versuchen haben Forscher die Augen weiblicher Krabbenspinnen mit schwarzem Lack abgedeckt. Daraufhin waren diese nicht mehr in der Lage ihre Farbe zu wechseln.

K2/3 WSt

1 Stimmgabel-Baldachinspinne △

2a Garten-Kreuzspinne

3a Dunkle Wolfsspinne, ♂ △

♀ mit Eikokon

2b Vierfleck-Kreuzspinne

3b Raubspinne, ♂

4 Veränderliche Krabbenspinne, gut getarntes ♀ △

2c Marmorierte Kreuzspinne

1 Hauswinkelspinne

(Tegenaria spec.) Fam.: Trichterspinnen

L 1,8 cm Jan. – Dez.

Graubraun mit heller Hinterleibszeichnung; Beine lang behaart. ♀ plumper als ♂. Es gibt bei uns drei ähnliche, schwer unterscheidbare Arten. △

Öko: Hauswinkelspinnen sind häufig in Gebäuden anzutreffen, insbesondere in Badezimmern und Kellerräumen begegnet man ihnen. Sie legen dort in Winkeln und Zimmerecken ihre großen, unregelmäßigen Fanggewebe an, in denen sie Fliegen und andere Insekten fangen. In der Mitte des Netztrichters liegt der Unterschlupf der Spinne.

Übrigens: Hauswinkelspinnen können lange Hungerzeiten überdauern. Die verbreitete Angst vor diesen Tieren ist unbegründet.

K2/3 G1/100 WA A7

2 Wasserspinne

(Argyroneta aquatica) Fam.: Trichterspinnen

L ♂ 1,5 cm/♀ 1 cm März – Nov.

Hinterleib durch anhaftende Luft glänzend. Einzige auf Dauer im Wasser lebende Spinne.

Öko: Die Wasserspinne webt einen Gespinstteppich zwischen Wasserpflanzen. Dann steigt sie zur Wasseroberfläche empor und streckt die Hinterleibsspitze und die Beine in die Luft. Durch eine plötzliche Abwärtsbewegung reißt sie eine große Luftblase mit sich. Unter ihrem Gespinstteppich öffnet sie ihre Hinterbeine und dadurch steigt die Luftblase zwischen die Spinnfäden. Mit der Zeit entsteht so eine geräumige Luftglocke unter Wasser. Vorbeikriechende Wasserasseln oder Insektenlarven erkennt die Spinne mithilfe von Signalfäden. Sie fängt sie und trägt sie in die Luftglocke. Dort finden auch Paarung und Eiablage statt.

Übrigens: Wasserspinnen-Männchen vertreiben häufig schwächere Artgenossen aus deren Glocken, die sie dann selbst so lange bewohnen, bis der Luftvorrat aufgebraucht ist. Die Wasserspinne ist die giftigste einheimische Spinnenart.

K2/3 G4/120 – 360 WSt A6 RL2

3 Große Zitterspinne

(Pholcus phalangioides) Fam.: Zitterspinnen

L 1 cm Jan. – Dez.

Beine extrem lang; Einschnürung zwischen Vorder- und Hinterkörper (Unterschied zu Weberknechten; S. 105). Hinterleib des ♀ mit dunklem Fleck auf der hellgrauen Bauchseite. Die **Kleine Zitterspinne** *(Ph. opilionoides)* erreicht nur 5 mm Körperlänge.

Öko: Zitterspinnen findet man in Mitteleuropa ausschließlich in Häusern, besonders in Kellern und Badezimmern. Sie lauern in ihren unregelmäßigen Netzen auf Beute. Vorwiegend im Juli legen sie rosa Eiballen ab, aus denen schon nach kurzer Zeit zarte, wie Staubflocken erscheinende Jungspinnen schlüpfen, die schnell selbstständig werden. Zitterspinnen sind in letzter Zeit vor allem in Norddeutschland häufiger geworden.

Übrigens: Bläst man eine Zitterspinne in ihrem Netz an, so versetzt sie ihren Körper in sehr schnell schwingende oder kreisende Bewegungen (Name!). Dadurch wird sie für Fressfeinde schwerer fassbar.

K2/3 G1/50 – 100 WA A3

4 Fettspinne

(Steatoda bipunctata) Fam.: Kugelspinnen

L 7 mm Jan. – Dez.

Körperoberfläche glänzend; Hinterleib kugelig und etwas abgeflacht; mit 2 deutlichen und 2 – 4 weniger deutlichen dunklen Punkten. Beine schwarz-braun gestreift.

Öko: Die Fettspinne ist vermutlich die häufigste Hausspinne, man findet sie aber auch im Freien an Baumrinde und an Felsen. Sie webt ein unregelmäßiges Deckennetz, von dem Fangfäden nach unten ziehen. Paarungszeit ist vorzugsweise der Herbst.

Übrigens: Die Männchen tragen am Hinterrand des Vorderkörpers Schrillleisten. Diesen gegenüber am Hinterkörper sitzen mehrere Dornen. Damit können sie Töne von sich geben, die auch für Menschen hörbar sind. Die ♀ nehmen diese Locktöne mit Hörhaaren wahr.

K2/3 G2/50 – 100 WA

1 Hauswinkelspinne △

2 Wasserspinnen im Kampf um eine Luftglocke

3 Große Zitterspinne

4 Fettspinne

1 Streckerspinne

(Tetragnatha extensa) Fam.: Streckerspinnen

L 1 cm Juni – Okt.

Hinterleib lang und schmal; vordere Beinpaare mehr als körperlang. In Ruhestellung zeigen die beiden vorderen Beinpaare parallel nach vorne, das dritte Beinpaar steht senkrecht vom Körper ab und das hintere Beinpaar ist nach hinten gerichtet.

Öko: Streckerspinnen sind häufig in Wassernähe, z. B. zwischen Schilfhalmen, zu beobachten. Dort bauen sie Radnetze mit offener Nabe. Meist lauern die Spinnen im Zentrum ihrer Netze auf Beute.

Übrigens: Bei der Paarung stemmt das Männchen seine Zangen gegen die des Weibchens. Diese werden dadurch so auseinander gespreizt, dass das Weibchen nicht mehr zubeißen kann.

K2/3 WSt A 1

2 Zebra-Springspinne

(Salticus scenicus) Fam.: Springspinnen

L 7 mm Feb. – Okt.

Körper mit auffallend weißer Querstreifung auf schwarzem Grund. Die Familie der Springspinnen erkennt man an den stark vergrößerten scheinwerferartigen Frontalaugen und an den kurzen Beinen.

Öko: Die Zebra-Springspinne lebt häufig an und in menschlichen Behausungen. Besonders gut lässt sie sich an sonnenbeschienenen Mauern beobachten. Sobald sie die Bewegung eines Beutetiers durch ihre kleineren seitlichen Augen wahrgenommen hat, dreht sie ihren Körper, bis das Beutetier in den Sehbereich ihrer großen Frontalaugen gerät. Dann pirscht sie sich langsam heran und springt aus einer Entfernung von ein bis zwei Zentimetern blitzschnell auf das Opfer. Die Zebra-Springspinne baut keine Netze, bildet aber beim Sprung einen Sicherheitsfaden, den sie am Absprungort befestigt.

Übrigens: Die Augen der Springspinnen sind die leistungsfähigsten aller Spinnenarten.

K2/3 WSt

3 Echte Weberknechte

(Phalangidae) Ord.: Weberknechte

L 6 mm (o. Beine) Jan. – Dez.

Rumpf kugelig; Beine extrem lang (bis zu 15facher Körperdurchmesser).

Öko: Echte Weberknechte sind tagsüber oft an Mauern oder an Baumrinde zu sehen. Im Gegensatz zu den Webspinnen haben sie keine reine Außenverdauung. Sie halten ihre Beute – lebende Tiere, Aas oder Pflanzenteile – mit einer Kieferzange fest und beißen mit der anderen Nahrungsbrocken davon ab. Diese werden im Mundvorraum vorverdaut und dann verschluckt. Die Paarung der Weberknechte findet nach teilweise ausgeprägter Balz in Kopf-an-Kopf-Stellung statt. Zur Eiablage stülpt das Weibchen eine lange Legeröhre aus.

Übrigens: Der Name „Weberknecht“ kommt von den langen, fadenartigen Beinen. Diese können die Tiere sehr leicht abwerfen. Die noch bis zu 30 Minuten lang zuckenden abgeworfenen Beine lenken Fressfeinde ab und können den Weberknechten auf diese Weise zur Flucht verhelfen.

K2/3 WSt

4 Bücherskorpion

(Chelifer cancroides) Ord.: Pseudoskorpione

L 5 mm Jan. – Dez.

Kopfbrustabschnitt breit mit dem abgeflachten, deutlich segmentierten Hinterleib verbunden. Lange Taster mit Scheren. △

Öko: Der Bücherskorpion ist weltweit vor allem in Häusern verbreitet. Er vertilgt Staubläuse und andere kleine Gliederfüßer. Die Weibchen zeigen ausgeprägtes Brutpflegeverhalten: Sie befestigen ihre Eier in einem aus Sekret gebildeten Brutsack auf dem Hinterleib und versorgen die Embryonen mit Nährflüssigkeit. Außer dem Bücherskorpion gibt es noch etwa 30 weitere einheimische Pseudoskorpion-Arten. Viele davon leben in der Laubstreu, unter Baumrinde, in Moospolstern oder in alten Vogelnestern.

Übrigens: Die Weibchen mancher Pseudoskorpione lassen sich von Fliegen befördern.

K2/3 WA A 5

1 Streckerspinne

2 Zebra-Springspinne

3 Weberknecht

4 Bücherskorpion △

1 Gewöhnliche Zecke

(Ixodes ricinus) Ord.: Milben

L 4 mm/vollges. > 1 cm April – Sept.

Schwarz bis rotbraun; augenlos. △

Öko: Zecken sind Blut saugende Außenparasiten an Tieren und Menschen. Sie können von vorüberlaufenden Wirtstieren ausgehende Erschütterungen sowie chemische Reize (CO_2 aus der Atemluft, Fettsäuren aus dem Schweiß) wahrnehmen und lassen sich daraufhin von Gräsern oder Sträuchern auf ihre Opfer – Säugetiere, Vögel oder Reptilien – herabfallen. Die chemischen Sinnesorgane sitzen im ersten Beinpaar. Alle drei Entwicklungsstadien der Zecken – die Larven, die Nymphen und die ausgewachsenen männlichen und weiblichen Tiere – benötigen eine Blutmahlzeit. Dabei können die geschlechtsreifen Weibchen das Zweihundertfache ihres Eigengewichtes an Wirtsblut einsaugen.

Übrigens: Die Zecken – auch „Holzbock" genannt – können krankheitserregende Viren (Hirnhautentzündung) und Bakterien (Lyme-Borreliose) übertragen.

K2(P) G – /3000 E 1 – 2 WSt A 6

2 Gewöhnliche Spinnmilbe

(Tetranychus urticae) Ord.: Milben

L 0,5 mm Jan. – Dez.

Kugelig bis zwiebelförmig; in feinem Gespinst an Pflanzen, insbesondere auf der Blattunterseite. △

Öko: Spinnmilben stechen die Blattzellen an und saugen den austretenden Zellinhalt auf. Die Zellen füllen sich mit Luft, und dadurch entstehen zunächst winzige silbrige, später graubraune Flecken. Wärme und Trockenheit fördern den Befall mit Spinnmilben. Häufig findet man sie als ungebetene Gäste an Zimmerpflanzen.

Übrigens: An Obstbäumen und Sträuchern verursacht die nahe verwandte **Rote Spinne** *(Metatetranychus ulmi)* einen mehlig filzigen Belag auf der Blattunterseite, in dem gelbliche Larven zu sehen sind.

K1(P) WSt

3 Samtmilbe

(Trombidium holosericum) Ord.: Milben

L 4 mm Mai – Okt.

Körper kugelig, orangerot, samtig behaart. △

Öko: Samtmilben leben in der Bodenstreu. An warmen Tagen kann man die kleinen Tiere über Platten und Steine laufen sehen. Sie legen ihre Eier in den obersten Bodenschichten ab. Die Larven leben als Außenparasiten an Insekten. Nymphen und ausgewachsene Tiere fressen vor allem Insekteneier.

Übrigens: Die rötlichen **Süßwassermilben** *(Hydrachna spec.)* tragen an ihren Beinen oft lange Schwimmhaare.

K2(P) WSt

4 Käfermilben

(Parasitidae) Ord.: Milben

L 1 mm Jan. – Dez.

Durchscheinend oder bräunlich mit röhrenförmig vorgezogenem Mundabschnitt. △

Öko: Käfermilben sind häufig in der Laubstreu, im Kompost, in Moospolstern oder in Baummull. Sie leben von Fadenwürmern (S. 83), Springschwänzen (S. 109) und Moosmilben.

Übrigens: Viele Käfermilben lassen sich von anderen Tieren transportieren – z. B. von Käfern, Fliegen, Nagetieren oder Vögeln.

K2 WSt

5 Moosmilben

(Oribatidae) Ord.: Milben

L 1 mm Jan. – Dez.

Körper kugelig und stark gepanzert.

Öko: Moosmilben leben in großer Anzahl in Moospolstern, in der Laubstreu und im Kompost. Sie setzen täglich etwa 20 Prozent ihres Körpergewichtes um.

Übrigens: Zur Orientierung im dunklen Boden dienen den Moosmilben feinste Fühlborsten auf dem vorderen Körperabschnitt.

D WSt

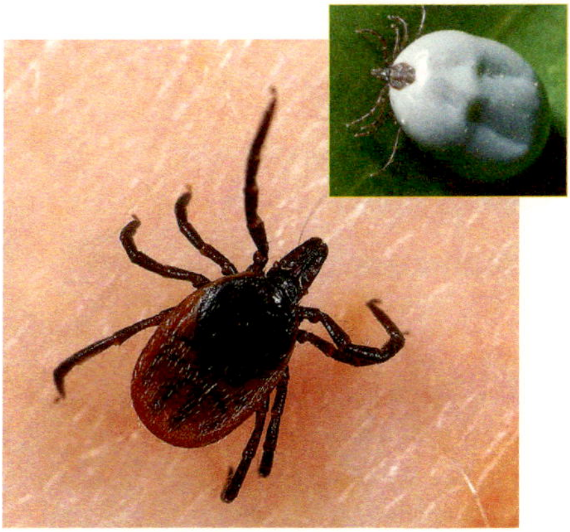

1 Gewöhnliche Zecke vor der Blutmahlzeit/ vollgesogenes Tier △

2a Spinnmilben in ihrem Gespinst/ einzelnes Tier (stark vergrößert)

3a Samtmilbe △

3b Süßwassermilbe △

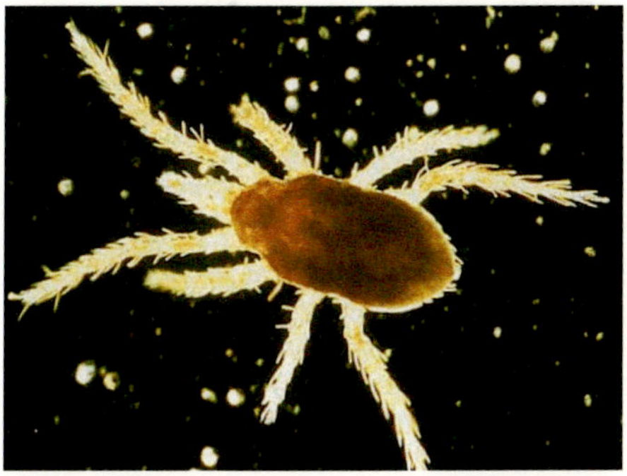

4 Käfermilbe △

5 Moosmilbe

1 Springschwänze

(Ord. *Collembola*) U. Kl.: Primär Flügellose

L 1 mm – <5 mm Jan. – Dez.

Lang gestreckt oder kugelig; Sprunggabel am vierten Hinterleibssegment.

Öko: Springschwänze findet man auf feuchtem Boden, in der Laubstreu, in Blumentöpfen oder an Gewässerrändern. Sie ernähren sich vor allem von organischen Abfallstoffen.

Übrigens: In Ruhestellung und beim Laufen ist die Sprunggabel nach vorne geklappt. Wie eine Feder kann sie kraftvoll nach unten geschlagen werden. Dadurch schnellt der Springschwanz bis zu mehrere Zentimeter vom Boden ab.

D WSt A 1,5

2 Doppelschwänze

(Ord. *Diplura*) U. Kl.: Primär Flügellose

L 0,5 – 2 mm Jan. – Dez.

Augenlos, sehr klein, weißlich, lang gestreckt, zwei lange Borsten am Hinterleibsende.

Öko: Doppelschwänze sind blinde Bodenbewohner. Sie fressen Pilzfäden, organischen Abfall aber auch andere kleine Bodentiere.

Übrigens: Die beiden „Schwänze" der Tiere können sehr unterschiedlich gestaltet sein. Bei dem räuberischen *Japyx* sind es Zangen, mit denen er die Beutetiere ergreift.

K1(D)/2 WSt A 3

3 Silberfischchen

(Lepisma saccharina) Ord.: Borstenschwänze

L 11 mm Jan. – Dez.

Körper silbrig; abgeflacht, mit körperlangen Fühlern und drei langen Schwanzanhängen.

Öko: Silberfischchen sind wärme- und feuchtigkeitsbedürftig. In feuchten Wohnungen sind sie deshalb häufig. Sie fressen vor allem kohlenhydratreiche Substanzen, z. B. Tapetenkleister oder Bücherleim. Die Weibchen legen zwischen Mai und Juni etwa zwölf Eier ab, aus denen sich innerhalb von zwei Monaten junge Silberfischchen entwickeln.

Übrigens: Die Tiere kommen bei Dunkelheit aus ihren Verstecken. Schaltet man das Licht an, kann man sie oft mit fischähnlichen Schlängelbewegungen davonhuschen sehen.

D E 2 (Mon.) WA A 2,5

4 Staubläuse

(Ord. *Psocoptera*)

L 2 mm Jan. – Dez.

Flügellos, weißlich oder bräunlich; flink ruckartig vorwärts und rückwärts laufend. △

Öko: Staubläuse leben in Büchern, zwischen Akten, Herbarien und Insektensammlungen, daneben auch an Baumrinde und in Moospolstern. Sie fressen vor allem Pilze, Algen und Flechten. Für ihre Entwicklung benötigen sie eine hohe Luftfeuchtigkeit. In Pflanzen- oder Insektensammlungen sowie in Bibliotheken können sie erhebliche Schäden verursachen.

Übrigens: Staubläuse entwickeln in ihren Ohrspeicheldrüsen ein Sekret, das versponnen werden kann. Die Weibchen schützen mit einem solchen Gespinst ihre Eigelege.

K1/D A 3 (Mon.) WA

5 Fransenflügler

(Ord. *Thysanoptera*)

L 2,5 mm April – Sept.

Körper lang und schmal. △

Öko: Die meisten Fransenflügler-Arten saugen ausschließlich Pflanzenzellen aus. Fransenflügler-Befall an Zimmerpflanzen erkennt man an der fleckig silbrigen Verfärbung der Blattoberflächen. Windfransenflügler ernähren sich vermutlich vorwiegend von anderen kleinen Insekten. Den **Mittleren Windfransenflügler** *(Aeolothrips intermedius)* kann man vor allem auf gelben Kreuz- und Korbblütengewächsen beobachten.

Übrigens: Fransenflügler werden auch „Thripse" genannt. An gewitterschwülen Frühsommertagen können sie auf Wiesen und Feldern in Massen auftreten („Gewitterfliegen"). Sie können Hautallergien hervorrufen.

K1/2 WSt

1 Verschiedene Springschwänze; bei dem Tier oben kann man die Sprunggabel erkennen

2a Doppelschwanz mit zwei langen Borsten

3 Silberfischchen

2b Doppelschwanz mit Zange am Hinterleibsende

4 Staublaus (Bücherlaus)

5 Fransenflügler (Thrips)

1 Kopflaus

(Pediculus capitis) Ord.: Lauskerfe

L 3 mm Jan.—Dez.

Weißlich, flügellos mit auffällig pigmentierten Augen; die **Kleiderlaus** *(P. humanus)* ist etwas größer, die **Filzlaus** *(Phthirius pubis)* hat einen wesentlich kürzeren Hinterleib.

Öko: Alle genannten Lausarten sind Parasiten des Menschen. Kopfläuse leben als Blutsauger auf der Kopfhaut, vorwiegend am Hinterkopf. Ihre sehr dauerhaften Eier („Nissen") kleben sie an Kopfhaaren fest. Die Kleiderläuse leben vorwiegend auf der Körperhaut, ihre Eier legen sie an Wäschestücken ab. Filzläuse siedeln sich zwischen Scham- und Achselhaaren an. Das gemeinsame Benutzen von Kleidungsstücken, Haarbürsten usw. fördert die Verbreitung von Läusen.

Übrigens: Kopflaus und Kleiderlaus können Krankheiten wie das Europäische Rückfallfieber und das Fleckfieber übertragen.

P G—/270 E 2 (Wo.) A 2 (Mon.)

2 Hundelaus

(Linognathus setosus) Ord.: Lauskerfe

L 2,5 mm Jan.—Dez.

Augenlos; nur wenig länger als breit.

Öko: Starker Läusebefall bei Hunden deutet auf mangelhafte Pflege und unter Umständen auch unzureichende Ernährung hin. Da sich befallene Tiere häufig scheuern und kratzen, kommt es nicht selten zu zusätzlichen Infektionen mit Eitererregern und anderen Krankheitskeimen sowie zu Fellschäden. Eine wirksame Bekämpfungsmaßnahme ist die äußerliche Anwendung von Kontaktinsektiziden. Diese töten die Läuse zuverlässig ab, sobald sie mit dem Gift in Berührung kommen.

Übrigens: Verwandte Lausarten leben parasitisch an Rindern und anderen Huftieren. Die häufige **Schweinelaus** *(Haematopinus suis)* hat einen deutlich verlängerten Kopf und einen stark gekerbten Hinterleib. Sie saugt vorwiegend an den Ohren und an den Schenkelinnenseiten von Schweinen.

P

3 Kieferläuse

(U. Ord. *Mallophaga*) Ord.: Lauskerfe

L 4 mm Jan.—Dez.

Köpfe groß und kräftig mit auffälligen Kiefern.

Öko: Kieferläuse leben im Fell von Säugetieren und im Gefieder von Vögeln. Sie ernähren sich von Hautschuppen, Haaren („Haarlinge"), Federteilen („Federlinge") und Blutresten aus Wunden. Ihre Färbung ist häufig an das Haar- oder Federkleid ihres Wirtes angepasst. Der **Taubenfederling** *(Columbicula columbae)* ist ein häufiger Taubenparasit.

Übrigens: Einige Kieferläuse parasitieren im Inneren von Federn, z. B. der **Brachvogel-Federling** *(Actornithophilus patellatus)*.

P E 1—3 (Mon.)

4 Menschenfloh

(Pulex irritans) Fam.: Menschenflöhe

L 2,5 mm Jan.—Dez.

Körper stark seitlich abgeflacht, flügellos; Hinterbeine als Sprungbeine kräftig verdickt. △

Öko: Flöhe sind weniger wirtsspezifisch als Läuse und es kommt deshalb häufiger vor, dass verschiedene Tierfloharten auch an den Menschen gehen und umgekehrt. Das gewaltige Sprungvermögen (Sprungweiten bis 50 cm) erleichtert den schnellen Wirtswechsel. Störungen veranlassen den Floh, seine Saugtätigkeit zu unterbrechen. Daraus folgt, dass ein einzelner Floh innerhalb kurzer Zeit eine große Anzahl von Einstichen verursachen kann. Weibliche Flöhe legen einige Tage nach dem Blutsaugen Eier ab. Die Larven ernähren sich von organischen Stoffen, z. B. von Hautschuppen, Haaren oder Federn ihrer Wirte.

Übrigens: Flöhe sind gefährliche Krankheitsüberträger (Pestfloh). Früher wurden auf Jahrmärkten häufig „dressierte" Flöhe vorgeführt. Meist handelte es sich um Menschenflöhe, denen man ein feines silbernes Drahtgeschirr angelegt hatte, das sie am Springen hinderte und gleichzeitig das Anhängen kleiner fahrbarer Gegenstände wie Wägelchen und Kutschen gestattete.

D/P G—/450 E $<$ 2 (Mon.) A $<$ 1,5

1a Kopflaus/Nisse an einem Haar

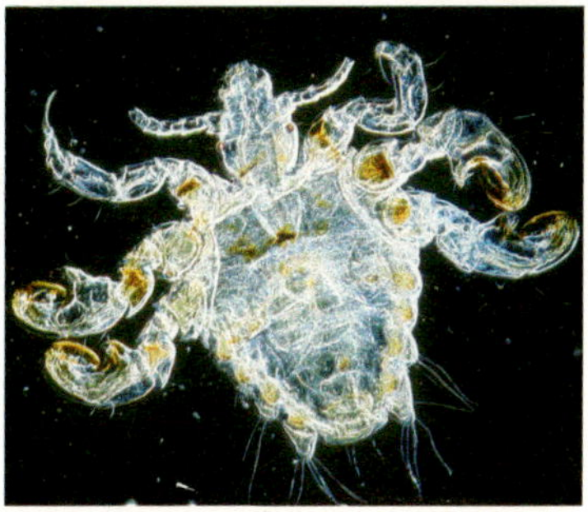

1b Filzlaus

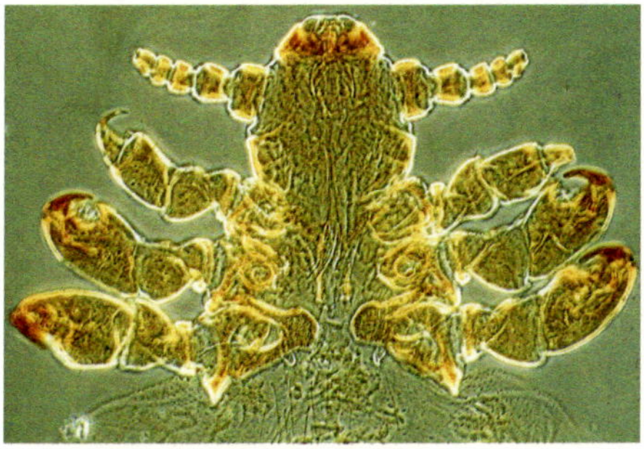

2a Hundelaus, Vorderkörper

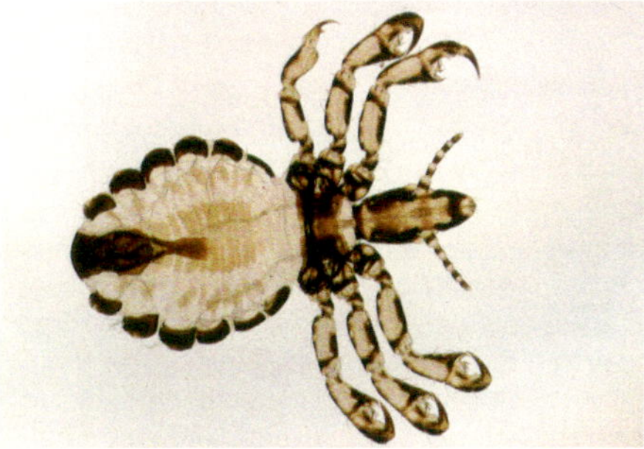

2b Schweinelaus

3a Kieferläuse (Haarlinge)

3b Kieferlaus (Federling)

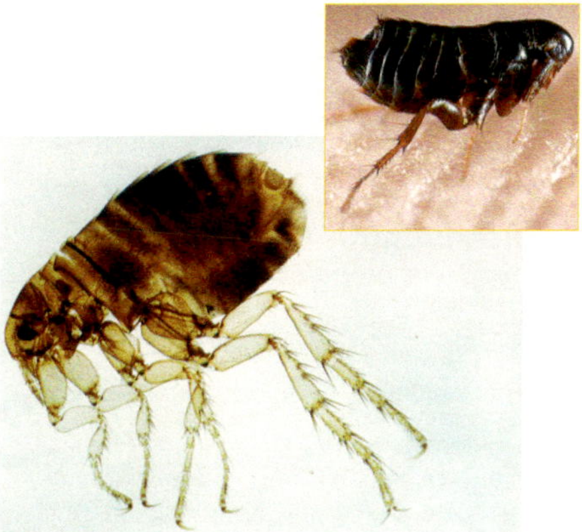

4 Menschenfloh △

Pflanzenläuse

Zur Gruppe der Pflanzenläuse gehören Blattläuse, Schildläuse und Mottenläuse. Wegen ihres Stechrüssels, mit dem sie Pflanzensäfte saugen, werden diese kleinen Insekten auch als „Schnabelkerfe“ bezeichnet.

1 Schwarze Bohnenlaus

(Aphis fabae) U. Ord.: Blattläuse

L 2 mm April – Sept.

Dichte, schwarze Kolonien an jungen Pflanzentrieben. Beine lang, dünn, gelblich-weiß geringelt. Zwei Drüsenröhrchen auf dem Rücken. △

Öko: Aus den überwinternden Eiern entwickeln sich im Frühjahr weibliche Tiere. Diese bringen ohne Befruchtung etwa 80 lebende Junge zur Welt (Jungfernzeugung). Nach vier Häutungen sind sie ausgewachsen und gebären nun ihrerseits weitere Weibchen. Ein Teil der Nachkommen ist geflügelt und wandert auf andere Wirtspflanzen ab, häufig auf die Pferdebohne. Erst im Herbst entstehen Geschlechtstiere, die sich paaren. Jedes Weibchen legt dann etwa fünf befruchtete Eier ab, die überwintern.

Übrigens: Einige Blattlausarten rufen Gallen hervor (s. S. 194). Die große **Sitka-Fichtenlaus** *(Elatobium abietinum)* kann in Fichtenforsten erhebliche Schäden anrichten. Die **Blutlaus** *(Eriosoma lanigerum)* an Apfelbäumen fällt durch weiße Wachsausscheidungen auf.

K1(P) Ü Ei A<1

2 Ahornschmierlaus

(Phenacoccus aceris) U. Ord.: Schildläuse

L 5 mm Mai – Okt.

Tiere mit weißem Wachspuder bestäubt. △

Öko: In den ersten beiden Larvenstadien saugen die Tiere an den Blättern verschiedener Laubgehölze. Das dritte Larvenstadium überwintert am Boden oder in Rindenritzen.

Übrigens: Zur Familie der Schmierläuse gehören viele Schädlinge an Kulturpflanzen.

K1(P) Ü La A<1

3 Gewächshaus-Napfschildlaus

(Coccus hesperidum) U. Ord.: Schildläuse

L 5 mm Jan. – Dez.

Schilder linsenförmig; zunächst flach und gelblich grün, später höher gewölbt und bräunlich. Dreht man die Schilder um, kann man zahlreiche Eier erkennen (Lupe!). △

Öko: Die weltweit verbreitete Gewächshaus-Napfschildlaus ist bei uns ein häufiger Bewohner von Zimmerpflanzen. Vor allem auf solchen mit derben, lange überdauernden Blättern, wie Efeu, Hirschgeweihfarn, Dickblattgewächsen und Kakteen, sind sie ungebetene Gäste.

Übrigens: Verschiedene Schildlausarten werden zum Teil noch heute wirtschaftlich genutzt: Die **Cochenillelaus** *(Dactylopius cacti)*, ein häufiger Parasit des Feigenkaktus, liefert einen roten Farbstoff, der in Lippenstiften und als Lebensmittelfarbstoff eingesetzt wird. Die Ausscheidungen verschiedener tropischer Schildlausarten (Schelllack) hat man früher zur Herstellung von Lackfarben verwendet.

K1(P) WA A<1 Neo

4 Mottenläuse

(Aleurodina) U. Ord.: Mottenläuse

L 2 mm Jan. – Dez.

Flügel durch Wachsausscheidungen weiß beschuppt; dachartig übereinander liegend.

Öko: Mottenläuse findet man oft an Zimmerpflanzen. Neben den geschlechtsreifen Tieren sieht man frei bewegliche (erstes Stadium) und festsitzende flügellose Larven. Besaugte Blätter zeigen zunächst gelbe Flecken, später sterben sie ab. Wie andere Pflanzensauger, scheiden auch die Mottenläuse Honigtau aus. Dieser überzieht die Blätter mit einem klebrigen Film, auf dem sich mitunter Rußtaupilze ansiedeln. Außerdem können Mottenläuse Viruskrankheiten von Pflanze zu Pflanze übertragen.

Übrigens: Mottenläuse werden auch „Weiße Fliegen“ genannten. Sie zeigen ein auffälliges Balzverhalten (Abstellen der Flügel). Eier und Larven sind gegen die meisten Insektizide ziemlich unempfindlich.

K1(P) WA A<1 Neo

1a Schwarze Bohnenlaus, Kolonie an einem Pflanzenstängel △

1b Sitka-Fichtenlaus △

1c Wachsausscheidungen der Blutlaus

2 Ahornschmierläuse (verschiedene Stadien)

3 Gewächshaus-Napfschildlaus, Schilder auf der Unterseite eines Blattes/umgedrehtes Schild mit Eiern △

4 Mottenläuse

1 Wiesen-Schaumzikade

(Philaenus spumarius) U. Ord.: Zikaden

L 0,5 cm Mai – Okt.

Deckflügel dachartig angeordnet, Färbung variabel. Die Tiere können sehr gut springen. △

Öko: Wiesen-Schaumzikaden sind Pflanzensaft-Sauger auf Gräsern und Kräutern. Auch in Nutz- und Ziergärten sind sie häufig zu beobachten. Schaumzikaden legen ihre Eier in Pflanzenstängeln ab. Schon nach kurzer Zeit schlüpfen die Larven. Diese umgeben sich mit einer relativ stabilen speichelartigen Schaumhülle („Kuckucksspucke"), die sie aus einer aus dem After austretenden eiweißhaltigen Flüssigkeit herstellen. Die Atemöffnungen *(Stigmen)* der Schaumzikaden liegen in einer Atemhöhle auf der Bauchseite, die an der Hinterleibsspitze mündet. Zum Einatmen strecken die Larven das Hinterleibsende aus dem Schaum heraus. Beim Ausatmen aber bleibt die Mündung der Atemhöhle eingetaucht und es entstehen weitere Schaumblasen. Der Schaum schützt die Larven vermutlich vor allem vor Fressfeinden.

Übrigens: An Gurken- und Kürbiskeimlingen richten Schaumzikaden mitunter erhebliche Schäden an. An Erlen und Weiden saugt die unregelmäßig gelblich gezeichnete **Erlen-Schaumzikade** *(Aphrophora alni)*.

K1(P) E < 1 Ü Ei A < 1

2 Blutzikade

(Cercopis vulnerata) U. Ord.: Zikaden

L 1 cm Mai – Aug.

Deckflügel hart, dachartig angeordnet, Vorderkante des Halsschildes gerade. Sprungbeine. △

Öko: Blutzikaden saugen an unterschiedlichen Pflanzenarten. In sonnigen Lagen kann es zu Massenentwicklungen kommen. Im letzten Larvenstadium saugen die Tiere – eingehüllt in verfestigte Schaumnester – an Wurzeln.

Übrigens: Blutzikaden – der Name kommt von der blutroten Zeichnung – saugen auch an Äpfeln und Birnen und setzen deren Marktwert dadurch erheblich herab.

K1(P) E < 1 Ü Ei A < 1

3 Orientalische Küchenschabe

(Blatta orientalis) Ord.: Schaben

L 2,5 cm Jan. – Dez.

♀ mit Flügelstummeln; ♂ mit ledrigen, deutlich geaderten Deckflügeln. Halsschild breit, bedeckt den Kopf fast völlig.

Öko: Küchenschaben wurden einst aus wärmeren Gebieten Afrikas und Asiens eingeschleppt. Bei uns sind sie fast nur in Häusern und Wohnungen zu finden. Die Tiere können flink laufen und aufgrund ihres Körperbaus behende durch enge Ritzen schlüpfen. Sie fressen organische Abfälle aller Art und „vergreifen" sich auch an Lebensmitteln (Vorratsschädling). Die Weibchen legen 20 bis 50 Eier in eine Eikapsel. Küchenschaben durchlaufen sechs Larvenstadien. Die Jungtiere sehen den Weibchen sehr ähnlich.

Übrigens: Eine ähnliche Verbreitung haben die kleinere **Deutsche Küchenschabe** *(Blatella germanica)* und die etwas größere aus Amerika stammende **Amerikanische Schabe** *(Periplaneta americana)*. Die kleinen **Waldschaben** *(Ectobius spec.)* sind häufige Laubstreubewohner.

D G10 – 15/20 – 30 E < 20 (Mon.) A2 Ar

4 Gewöhnlicher Ohrwurm

(Forficula auricularia) Ord.: Ohrwürmer

L 1,5 cm April – Okt.

Deckflügel kurz, stummelförmig. Hinterleib gegliedert; mit zangenartigen Anhängen. △

Öko: Ohrwürmer sind vorwiegend nachtaktiv. Tagsüber halten sie sich in Spalten und unter Steinen versteckt. Sie fressen pflanzliche und tierische Reste aber auch kleine lebende Insekten, z. B. Blattläuse. Die Weibchen betreiben eine ausgesprochen intensive Brutpflege. Die Larven bleiben bis zur zweiten Häutung im Nest. Dann werden sie von der Mutter geführt und gefüttert.

Übrigens: Die überwinternden Larven der Ohrwürmer können sehr niedrige Temperaturen aushalten. Die Blattlausvertilger lassen sich im Garten ansiedeln, wenn man ihnen geeignete Verstecke anbietet.

K1/2 E < 8 (Mon.) Ü Im A2

1a Wiesen-Schaumzikade △

1b Erlen-Schaumzikade △

2 Blutzikade △

3a Orientalische Küchenschabe ♂ / ♀ bei der Eiablage

3b Amerikanische Schaben, ♂ und ♀

3c Waldschabe

4 Gewöhnlicher Ohrwurm △

1 Feldgrille

(Gryllus campestris) Fam.: Grillen

L 2,5 cm Mai – Juli

Körper kräftig, gedrungen, mit 2 Hinterleibsfortsätzen. Fühler lang; Flügel kräftig geadert.

Öko: Feldgrillen sind insbesondere an warmen, sonnigen Hängen anzutreffen, wo sie in bis zu 40 Zentimeter tiefen selbst gegrabenen Röhren leben. Sie ernähren sich vor allem von Gräsern. Von Mai bis Juli locken die Männchen mit ihrem Zirpen die Weibchen an. Sie erzeugen diesen „Gesang" mit Schrilladern an den Deckflügeln. Die Weibchen legen mehrmals im Jahr Eier in die Wohnröhren ab. Die Larven überwintern einzeln in anderen, eigens gegrabenen Röhren.

Übrigens: Die zarter gebauten **Heimchen** *(Acheta domestica)* stammen aus wärmeren Regionen und sind bei uns nur in gut geheizten Räumen, wie Heizungskeller oder Bäckereien, zu finden. Ihr Zirpen erinnert an Vogelgezwitscher. Die bis zu fünf Zentimeter langen **Maulwurfsgrillen** (*Gryllotalpa gryllotalpa*, Fam. Maulwurfsgrillen) haben zu kräftigen Grabeschaufeln umgeformte Vorderbeine.

K1 G3 – 5/400 E < 10 (Mon.) Ü La A < 4 (Mon.)

2 Warzenbeißer

(Decticus verrucivorus) Ü. Fam.: Laubheuschr.

L ♀ 4,5 cm/♂ 3,8 cm Juni – Sept.

Körper kräftig, gedrungen; Flügel kurz, aber wohl ausgebildet; Sprungbeine auffällig lang; Fühler bis doppelt so lang wie der Körper. ♀ mit säbelförmigem Legestachel. △

Öko: Warzenbeißer sind vorwiegend tagaktive Heuschrecken auf Wiesen, Heiden und Auen. Sie ernähren sich von lebenden Insekten aber auch von toten Tieren und Pflanzenresten. Von Juni bis September kann man in den Mittagsstunden das Zirpen der Männchen hören.

Übrigens: Nach altem Volksglauben soll der Biss des Warzenbeißers Warzen zum Vertrocknen bringen. Das **Grüne Heupferd** *(Tettigonia viridissima)* hat etwas längere Flügel und ist, wie die kleinere **Eichenschrecke** *(Meconema thalassium)*, nachtaktiv.

K2 G1/50 E 2 Ü Ei A < 1

3 Gewöhnlicher Grashüpfer

(Chorthippus parallelus) Fam.: Feldheuschr.

L ♂ 1,6 cm/♀ 2,3 cm Juni – Nov.

Körper grünbraun oder purpurn. Flügel deutlich verkürzt, beim ♂ reichen sie knapp bis zur Hinterleibsspitze, beim ♀ bis etwa zur Mitte des Hinterleibes. Halsschild mit nach hinten etwas auseinander laufenden Seitenkielen. Gesang kurz, kratzend „sräsräsräsräsrä". △

Öko: Der Gewöhnliche Grashüpfer kommt in den unterschiedlichsten Lebensräumen vor. Nur in sehr nassen und in sehr trockenen Gebieten sucht man ihn vergeblich. Wie alle Feldheuschrecken sind auch die Grashüpfer – im Gegensatz zu den Laubheuschrecken – reine Pflanzenfresser. Den Gesang erzeugen die Männchen durch Reiben einer Zahnreihe der Hinterschenkel an einer Leiste der Deckflügel. Die Eier legen die Weibchen mithilfe einer Legeröhre in den Boden.

Übrigens: Der Gewöhnliche Grashüpfer ist vermutlich die häufigste einheimische Heuschrecke. Selbst in überdüngten Fettwiesen kann er überleben.

K1 G1/60 E < 10 (Mon.) Ü Ei A 5 (Mon.)

4 Linierter Grashüpfer

(Stenobothrus lineatus) Fam.: Feldheuschr.

L ♂ 1,9 cm/♀ 2,6 cm Juni – Okt.

Vorderflügel am Vorderrand nicht ausgebuchtet; Vorderflügel des ♀ mit einer weißen Linie (Name!). Hinterleibsende geschlechtsreifer Tiere orangerot. Gesang ein auf- und absteigendes, in der Lautstärke zunehmendes Schwirren (Strophe 10 – 20 sec). △

Öko: Der Linierte Grashüpfer wird auch „Heidegrashüpfer" genannt, denn er bewohnt trockene Standorte, wie Trockenrasen, Wegränder und Brachen. Die Eier werden flach unter der Erde an Graswurzeln abgelegt.

Übrigens: Die vier bis fünf Zentimeter langen Wanderheuschrecken *(Locusta migratoria)* können in den Subtropen riesige Wanderschwärme bilden, die ganze Landschaften kahl fressen. Früher kamen sie aus ihren Brutgebieten in Südosteuropa auch zu uns.

K1 G1/50 E < 10 (Mon.) Ü Ei A < 5 (Mon.)

1a Feldgrille

1b Heimchen

1c Maulwurfsgrille

2a Warzenbeißer, ♀ mit Legestachel △

2b Grünes Heupferd, ♂

2c Eichenschrecke

3 Gewöhnlicher Grashüpfer, ♀ △

4 Linierter Grashüpfer, ♀ △

Wanzen

Typisch für Wanzen sind die im vorderen Teil ledrigen, im hinteren Teil häutigen Deckflügel. Wanzen haben stechend-saugende Mundwerkzeuge. Ihren Stechrüssel können sie auf die Brust abklappen.

1 Grüne Stinkwanze

(Palomena prasina) Fam.: Baumwanzen

L 1,4 cm April – Okt.

Flügeldecken leuchtend grün, im Winterhalbjahr dunkler. Halsschild mit konkaven Seiten. △

Öko: Die Grüne Stinkwanze lebt in Wiesen sowie an Weg- und Waldrändern. Auf den Blütenständen von Doldenblütengewächsen ist sie häufig zu beobachten. Die Tiere saugen Pflanzensäfte. Ihre Eier legen sie in kleinen Paketen ab. Die Weibchen betreuen die frisch geschlüpften Larven eine Zeit lang. Die Färbung der Tiere ist abhängig vom Untergrund und von der Art der Nahrung.

Übrigens: Die kräftig behaarte **Beerenwanze** *(Dolycoris baccarum)* saugt vorwiegend an den Früchten von Rosengewächsen. Viele Wanzenarten geben bei Gefahr eine übel riechende Flüssigkeit ab, auf die manche Menschen allergisch reagieren.

K1(P) G1/50 E < 6 (Mon.) Ü Im A 1

2 Streifenwanze

(Graphosoma lineatum) Fam.: Baumwanzen

L 1 cm Mai – Sept.

Auffällig schwarz-rot gestreift. Das Schildchen reicht bis zum Körperende und überdeckt die Vorderflügel fast ganz.

Öko: Die Streifenwanzen kann man besonders an sonnigen, warmen Standorten, z. B. an Südhängen oder -böschungen, entdecken. Sie saugen vor allem an Doldenblütengewächsen. Die Weibchen legen ihre Eier in einzelnen Paketen auf Pflanzen ab. Die geschlüpften Larven werden eine Zeit lang vom Muttertier bewacht.

Übrigens: Streifenwanzen sind giftig. Ihre auffallende Färbung kann als Warntracht gegen Fressfeinde aufgefasst werden.

K1(P) G – /100 E < 6 (Mon.) Ü Im A 1

3 Feuerwanze

(Pyrrhocoris apterus) Fam.: Feuerwanzen

L 1,2 cm April – Okt.

Oval bis eiförmig, Hinterleib verbreitert. △

Öko: Feuerwanzen treten oft in großer Anzahl am Fuß von Allee- oder Parkbäumen auf. Sie saugen Pflanzensäfte, fallen aber auch andere Insekten an. Bereits im August haben sich aus ihren Eiern ausgewachsene Tiere entwickelt.

Übrigens: Feuerwanzen sind oft schon im ausgehenden Winter zu beobachten.

K1/2 G1/100 E < 5 (Mon.) Ü Im A < 1

4 Saum-Lederwanze

(Coreus marginatus) Fam.: Lederwanzen

L 1,4 cm April – Okt.

Hinterleib mit breitem Saum, der unter den Deckflügeln hervorragt; zwischen den Fühlern zwei kleine Höcker (Lupe!). △

Öko: Saum-Lederwanzen sind an Waldrändern, in Lichtungen und in feuchten Gräben nicht selten. Sie saugen insbesondere an Ampferarten und an Früchten. Ihre Eier legen sie in Stängel oder Blätter ab. Erst im folgenden Jahr ist die Larvenentwicklung abgeschlossen.

Übrigens: Die Tiere werden auch „Randwanzen" genannt.

K1(P) G1/100 E < 6 (Mon.) Ü La/Im A 2

5 Gewöhnliche Wiesenwanze

(Lygus rugulipennis) Fam.: Weichwanzen

L 0,7 cm April – Okt.

Zart, oberseits behaart; Brustschild z. T. auffällig gezeichnet. ♂ rötlich braun, ♀ grünlich. △

Öko: Wiesenwanzen saugen an unterschiedlichen Pflanzen. Von Mai bis Juni legen sie ihre Eier in geschlossene Blüten, Knospen und junge Früchte. In einem Jahr können sich zwei bis drei Generationen entwickeln.

Übrigens: Wiesenwanzen können an Obstbäumen erhebliche Schäden anrichten.

K1(P) G2 – 3/100 E < 3 (Mon.) Ü Im A < 6 (Mon.)

1a Grüne Stinkwanze △

1b Beerenwanze

2 Streifenwanze

3 Feuerwanze △

4 Saum-Lederwanze △

5 Gewöhnliche Wiesenwanze △

1 Gewöhnlicher Rückenschwimmer

(Notonecta glauca) Fam.: Rückenschwimmer

L 1,6 cm April – Okt.

Schwimmt meist auf dem Rücken (Name!). Hinterbeine lang, behaart (Ruderbeine). Flügeldecken dachförmig angeordnet; ohne Einkerbungen. Hinterleib unterseits mit 4 Längsreihen von Haaren. Die **Große Ruderwanze** *(Corixa punctata)* und die **Wasserzikade** (*Sigara falleni;* Fam. Ruderwanzen), bei der die Mittelbeine zu Ruderbeinen umgebildet sind, schwimmen mit dem Rücken nach oben. △

Öko: Der Gewöhnliche Rückenschwimmer ist in erster Linie in stehenden Gewässern zu finden. Er erbeutet hauptsächlich auf die Wasseroberfläche gefallene Insekten. Unter dem Wasserspiegel hängend lauert er diesen auf, greift sie und saugt sie aus. Ruderwanzen fressen Algen sowie Reste von Tieren und Pflanzen.

Übrigens: Rückenschwimmer können sehr gut fliegen. Wegen ihres auch für Menschen schmerzhaften Rüsselstiches werden sie auch „Wasserbienen" genannt. Die **Schwimmwanze** (*Ilyocoris cimicoides;* Fam. Schwimmwanzen) ähnelt einem Wasserkäfer. Trotz voll entwickelter Flügel kann sie nicht fliegen.

K2/3 G1/200 E < 7 (Mon.) Ü lm A < 1

2 Wasserskorpion

(Nepa cinerea) Fam.: Skorpionswanzen

L 2,2 cm (+ 1 cm Atemrohr) April – Okt.

Körper stark abgeflacht. Vorderbeine zu Greifarmen umgewandelt; langes Atemrohr.

Öko: Wasserskorpione leben in flachen Gewässern. Dort lauern sie auf Beutetiere, auch auf kleine Fische. Sie sind schlechte Schwimmer, denn ihre Beine tragen keine Schwimmborsten. Mithilfe einer Luftblase unter den Flügeln halten sie sich schwebend in der Nähe der Wasseroberfläche, die sie mit dem Atemrohr erreichen. Ihre Eier legen sie einzeln an Pflanzenteilen an der Wasseroberfläche ab.

Übrigens: Die Flugmuskulatur der Wasserskorpione ist zurückgebildet. Deshalb können sie trotz voll ausgebildeter Flügel nicht fliegen.

K2 E 4 (Mon.) Ü lm A 3

3 Schmale Stabwanze

(Ranatra linearis) Fam.: Skorpionswanzen

L 4 cm (+ 4 cm Atemrohr) April – Okt.

Körper stabförmig (Name!); mit langem Atemrohr. Vorderbeine nach vorne gestreckt.

Öko: Die Schmale Stabwanze lebt im Flachwasser von Seen, Teichen und Weihern, meist in dichten Beständen von Wasserpflanzen. Zwischen den Pflanzenstängeln ist sie kaum zu entdecken. Regungslos lauert sie auf vorbeischwimmende Beutetiere, die sie anvisiert, mit blitzschnellem Fangschlag ergreift und mit einem Rüsselstich tötet. Die Eier werden im Frühjahr in Reihen zu fünf bis zehn nebeneinander in weiche Pflanzenstängel und -blätter eingebohrt. Sie tragen jeweils zwei ins freie Wasser ragende Atemanhänge.

Übrigens: Stabwanzen verlassen manchmal das Wasser, sie gelten als gute Flieger. Mit ihrem spitzen Rüssel können sie stechen.

K2 E 3 (Mon.) Ü lm A 3

4 Gewöhnlicher Wasserläufer

(Gerris lacustris) Fam.: Wasserläufer

L 1 cm April – Okt.

Körper schmal, dunkel, mit langen Mittel- und Hinterbeinen. Sie „laufen" ruckartig über die Wasseroberfläche. Der **Gewöhnliche Teichläufer** (*Hydrometra stagnorum;* Fam. Teichläufer) hat einen sehr langen Kopf. Der **Bachläufer** (*Velia caprai*; Fam. Bachläufer) hat kürzere Beine und schwarz-rot gefleckte Hinterleibsränder. △

Öko: Wasserläufer sind häufige Bewohner langsam fließender oder stehender Gewässer, selbst kleiner Pfützen. Körper und Beine sind dicht mit Wasser abweisenden Härchen besetzt. Mit einem einzigen Ruderschlag der Mittelbeine können sie bis zu einem Meter zurücklegen; bei Gefahr vollführen sie Fluchtsprünge von bis zu 20 Zentimetern Höhe. Mithilfe von Sinnesorganen an ihren Beinen nehmen sie Erschütterungen der Wasseroberfläche wahr. So orten sie andere Insekten und erbeuten diese.

Übrigens: Der Gewöhnliche Wasserläufer ist die häufigste unserer Wasserläufer-Arten.

K2/D G2/50 E < 3 (Mon.) Ü lm A < 1

1a Gewöhnlicher Rückenschwimmer △

1b Große Ruderwanze △

1c Wasserzikade △

1d Schwimmwanze △

2 Wasserskorpion

3 Stabwanze

4a Gewöhnlicher Wasserläufer △

4b Gewöhnlicher Teichläufer

4c Bachläufer

Laufkäfer und Sandlaufkäfer

Die meisten Vertreter der großen Familie der Laufkäfer leben räuberisch. Am Boden jagen sie Insekten und deren Larven sowie Würmer und Schnecken. Die größeren Arten sind meist flugunfähig; ihre Flügel sind zurückgebildet. Die Sandlaufkäfer erbeuten vorwiegend Insekten und Spinnen. Ihre Larven lauern in senkrechten Erdröhren. Sowohl Laufkäfer als auch Sandlaufkäfer sind schnelle Laufjäger.

1 Feld-Sandlaufkäfer

(Cicindela campestris) Fam.: Sandlaufkäfer

L 1,8 cm April – Sept.

Flügeldecken grün, mit weißen Flecken. △

Öko: Feld-Sandlaufkäfer sind auf Feld- und Waldwegen, an sonnigen Hängen, auf Dünen und in Sandgruben zu finden. Ihre Larven graben bis zu 50 Zentimeter tiefe Erdröhren. An deren Öffnung lauern sie auf Beutetiere, die sie am Grund der Röhre aussaugen. Larven und Käfer überwintern im Boden.

Übrigens: Der häufige **Braune Sandläufer** *(C. hybrida)* ist meist kupferbraun mit weißlicher Zeichnung. Die Larven der Sandlaufkäfer können sich oberirdisch nicht fortbewegen. Deshalb verlassen sie ihre Erdröhren nie. Die Käfer fliegen bei Störung sofort auf und landen nach kurzer Flugstrecke wieder.

K2 E 1 – 2 Ü La/Im A < 1

2 Hainlaufkäfer

(Carabus nemoralis) Fam.: Laufkäfer

L 2,6 cm Febr. – Mai/Sept. – Nov.

Dunkel bronzefarben, mit violettem seitlichem Rand; Flügeldecken mit punktförmigen „Vertiefungen“ und feinen Rippen. Bei der ähnlichen **Goldleiste** *(C. violaceus)* sind sie glatter. △

Öko: Der Hainlaufkäfer ist in feuchten Wäldern, auf Äckern und in Gärten häufig. Mitunter ist er sogar in Häusern und Kellern anzutreffen. Er ernährt sich von Raupen. Im Sommer fällt das ansonsten tag- und nachtaktive Tier in eine Sommerstarre. Fressfeinde sind z. B. Igel, Kröten und Maulwürfe.

Übrigens: Im Winter kann man die Käfer oft in großer Anzahl unter der Rinde toter Bäume finden. Sie produzieren „Frostschutzmittel“.

K2 E < 6 (Mon.) Ü La/Im A 1

3 Lederlaufkäfer

(Carabus coriaceus) Fam.: Laufkäfer

L 4 cm Febr. – Mai/Sept. – Okt.

Mattschwarz; Flügeldecken grob gerunzelt.

Öko: Lederlaufkäfer leben in Eichen- und Buchenwäldern, daneben in Gärten und auf Weiden. Tagsüber halten sie sich unter Steinen und Holz versteckt. Sie fressen vorwiegend Schnecken. Von Ende Mai bis Anfang September fallen sie in Sommerstarre. Die Eiablage erfolgt einmal im Jahr. Larven und Käfer überwintern.

Übrigens: Der **Gestreifte Schulterläufer** *(Pterostichus niger)* gehört mit einer Körperlänge von zwei Zentimetern zu den zahlreichen kleineren Laufkäferarten. Die meisten Laufkäfer verdauen außerhalb ihres Körpers. Dazu geben sie einen Verdauungssaft in ihre Beutetiere. Den so entstehenden Nahrungsbrei saugen sie auf.

K2 E < 6 (Mon.) Ü La/Im A 3

4 Goldschmied

(Carabus auratus) Fam.: Laufkäfer

L 3 cm April – Aug.

Flügeldecken matt grüngolden, mit je 3 breiten Rippen; Beine, Taster und 1. – 4. Fühlerglied hellrot. Sehr ähnlich ist der **Goldglänzende Laufkäfer** *(C. auronitens).* △

Öko: Der Goldschmied bewohnt Gärten und Felder. Er ist tagaktiv und erbeutet hauptsächlich Schnecken und Insekten. Die Eiablage erfolgt in eine Bodenvertiefung. Die Larven leben räuberisch im Boden, wo sie sich auch verpuppen. Die Käfer schlüpfen im Herbst und überwintern sofort.

Übrigens: Der Käfer breitet sich nach Osten hin aus. Im Jahre 1942 wurde er erstmals östlich der Oder beobachtet.

K2 E 3 (Mon.) Ü Im A 2

1a Feld-Sandlaufkäfer △

1b Brauner Sandläufer

2a Hainlaufkäfer △

2b Goldleiste △

3a Lederlaufkäfer

3b Gestreifter Schulterläufer △

4 Goldschmied △

Blatthornkäfer

Typisch für die Blatthornkäfer ist die Form ihrer Fühler, deren letzte Glieder seitlich blattartig oder keulenförmig verbreitert sind. Die Larven der Käfer (Engerlinge) entwickeln sich im Boden. Sie fressen Pflanzenwurzeln und abgestorbene Pflanzenteile.

1 Gewöhnlicher Rosenkäfer

(Cetonia aurata) Fam.: Blatthornkäfer

L 2 cm April – Okt.

Färbung variabel; Flügeldecken im hinteren Teil mit schmalem, unterbrochenem hellen Querband.

Öko: Der Käfer bevorzugt sonniges Gelände in Gärten, Parks und Wäldern. Er frisst Pollen vor allem von Rosengewächsen (Name!). Die Larven entwickeln sich im Mulm vermodernder Bäume und in Komposthaufen. Zur Verpuppung formen sie einen Kokon.

Übrigens: Rosenkäfer fliegen mit geschlossenen Flügeldecken; die Hautflügel schieben sie darunter hervor.

K1 E2–3 ÜLa/Im A <1

2 Nashornkäfer

(Oryctes nasicornis) Fam.: Blatthornkäfer

L 3,9 cm Juni – Sept.

♂ mit schwarzem, nach hinten gebogenem Kopfhorn, ♀ mit kleinem Querkiel.

Öko: Nashornkäfer findet man in Wäldern, im Sägemehl der Sägewerke und in Rindenmulch. Sie sind dämmerungs- und nachtaktiv. Ihre Larven entwickeln sich in verrottenden Holzabfällen, in Sägemehlhaufen und im Kompost. Kleinstlebewesen im Darm der Tiere zersetzen die Zellulose und dienen außerdem als Eiweißquelle. Die Larven verpuppen sich in einem Kokon aus Lehm und Sägespänen tief im Boden.

Übrigens: Ursprünglich war der Käfer auf faulendes Eichenholz angewiesen. Inzwischen hat er sich als Kulturfolger neue Nahrungsquellen erschlossen.

K1 E1–5 ÜLa A <4 (Mon.)

3 Feldmaikäfer

(Melolontha melolontha) Fam.: Blatthornkäfer

L 2,5 cm Mai – Juni

Hinterleibsende *(Pygidium)* länglich. Der **Waldmaikäfer** *(M. hippocastani)* hat ein knopfartig erweitertes Hinterleibsende und einen braunen Halsschild.

Öko: Maikäfer ernähren sich von den Blättern verschiedener Laubbäume. Sie fliegen vorwiegend in der Dämmerung. Das Weibchen legt auf Wiesen und Feldern bis zu 30 Eier in den Erdboden. Die Larven (Engerlinge; 182.5) ernähren sich von Pflanzenwurzeln, besonders von denen des Löwenzahns. Ihre Entwicklung dauert drei bis vier Jahre.

Übrigens: „Man sollte nicht glauben, dass der Maikäfer welcher eine verderbliche Landplage ist und alles verheert, eine so gute Suppe liefern könnte“, schwärmt im Jahre 1844 der Geheime Medizinalrat Dr. Schneider. Man rechnete 30 Käfer pro Person und kochte, wenn Gäste kamen, etwas Hummerfleisch mit. Der viel kleinere **Junikäfer** *(Amphimallon solstitiale)* wird auch „Kleiner Maikäfer“ genannt.

K1 E3–4 ÜLa/Im A <2 (Mon.)

4 Gartenlaubkäfer

(Phyllopertha horticola) Fam.: Blatthornkäfer

L 1,2 cm Mai – Juni

Flügeldecken braun, mit 6 Punktlängsstreifen. Kopf und Halsschild schwarz oder metallisch grün glänzend. Der ähnliche **Julikäfer** *(Anomala dubia)* hat 10 Punktlängsstreifen. △

Öko: Junikäfer schlüpfen ab Ende Mai. Die Weibchen werden sofort begattet, graben sich in den Boden ein und legen Eier ab. Die zweite Eiablage erfolgt nach zwischenzeitlichem Reifefraß an Eiche, Hasel, Rosen, Kirsche und anderen Bäumen. Die Larven fressen in erster Linie Graswurzeln. Stare, Amseln und andere Vögel erbeuten die dicht unter der Bodenoberfläche sitzenden Tiere.

Übrigens: Der **Gebänderte Pinselkäfer** *(Trichius fasciatus)* ist oberseits dicht wollig behaart. Er ist ein Pollenfresser.

K1 E1–2 ÜLa A 1 (Mon.)

1 Gewöhnlicher Rosenkäfer

2 Nashornkäfer, ♂/♀

3a Feldmaikäfer

3b Junikäfer

4a Gartenlaubkäfer △

4b Gebänderter Pinselkäfer

1 Hirschkäfer

(Lucanus cervus) Fam.: Hirschkäfer

L 7,5 cm April – Sept.

Schwarzbraun, ♂ mit geweihartigen Kiefern (Name!).

Öko: Hirschkäfer leben auf Eichen und anderen Laubbäumen. Sie ernähren sich von dem aus Baumwunden austretenden Saft, den sie auflecken. Aktiv sind sie vorwiegend in den Abendstunden. Die bis elf Zentimeter langen Larven entwickeln sich in abgestorbenen Wurzeln und Stümpfen vorwiegend von Eichen. Die Entwicklung zum Käfer dauert 5 bis 8 Jahre.

Übrigens: Mit ihren „Geweihen" tragen die Männchen zur Paarungszeit Kämpfe aus, bei denen es aber nicht zu Verletzungen kommt (Kommentkämpfe). Im alten Rom wurden die Larven als Delikatesse verspeist. Infolge des Pestizideinsatzes früherer Jahre und des Rückgangs alter Eichenwälder sind Hirschkäfer inzwischen ziemlich selten geworden.

K1 E5–8 Ü La A <1 RL2

2 Gewöhnlicher Mistkäfer

(Geotrupes stercorarius) Fam.: Mistkäfer

L 2,4 cm Mai – Okt.

Flügeldecken schwarz bis schwarzblau. Mit je 7 Punktstreifen. Der **Waldmistkäfer** *(G. stercorosus)* ist sehr ähnlich, aber viel kleiner. △

Öko: Die Käfer leben in Wäldern; man kann sie vorwiegend in der Dämmerung dicht über den Erdboden fliegen sehen. Unter Kothaufen Pflanzen fressender Säugetiere legen sie Gangsysteme mit Haupt- und Nebengängen an. Die Nebengänge enden in Brutkammern, in die die Käfer Kot eintragen. Diesen formen sie zu Ballen und legen in jeden davon ein Ei. Der Nahrungsvorrat reicht für die einjährige Larvenentwicklung.

Übrigens: Der metallisch glänzende **Frühlings-Mistkäfer** *(G. vernalis)* hat kaum erkennbare Punktstreifen. Mistkäfer sind meist mit roten Käfermilben besetzt, die sie auf diese Weise verbreiten. Durch Reiben ihrer Hinterhüften können sie Zirptöne erzeugen.

K1/D E1 Ü La A <6 (Mon.)

Blattkäfer

Die oft leuchtend gefärbten Blattkäfer bilden eine der artenreichsten Käferfamilien. Die meisten sind von rundlicher, gedrungener Gestalt. Man findet sie auf verschiedenen Pflanzen, wo sie Lochfraß verursachen. Ihre Larven fressen an Blättern, an Wurzeln oder in Stängeln.

3 Erlenblattkäfer

(Agelastica alni) Fam.: Blattkäfer

L 0,7 cm April – Okt.

Flügeldecken meist schwarzblau oder violett, nach hinten verbreitert. Der **Johanniskraut-Blattkäfer** *(Chrysomela varians)* ist variabel gefärbt. Ähnlich, aber nur etwa halb so groß (2,5 mm), ist der **Rapsglanzkäfer** (*Meligethes aeneus*; Fam. Glanzkäfer). △

Öko: Der Erlenblattkäfer ist an Erlen und gelegentlich an Birken und Weiden zu beobachten. Die Larven können Kahlfraß verursachen.

Übrigens: Das **Spargelhähnchen** *(Crioceris asparagi)* hat gelblich rot gezeichnete Flügeldecken. Das **Lilienhähnchen** *(Lilioceris lilio)* ist unverwechselbar zinnoberrot. Häufig ist auch der Ampferblattkäfer *(Gastroidea polygoni)* (Flügeldecken metallisch blau; Halsschild gelblich braun).

K1 E2 (Mon.) Ü lm A1

4 Kartoffelkäfer

(Leptinotarsa decemlineata) Fam.: Blattkäfer

L 1 cm April – Okt.

Flügeldecken gelb mit je 5 Längsstreifen.

Öko: Kartoffelkäfer und ihre Larven (183.12) ernähren sich bei uns vor allem von den Blättern der Kartoffelpflanze. Ihre Gelege mit bis zu 80 Eiern findet man auf der Blattunterseite. Die Larven sind orangerot. Fressfeinde sind Laufkäfer und Hühnervögel, wie Fasan und Rebhuhn.

Übrigens: Der Kartoffelkäfer stammt aus Nordamerika („Coloradokäfer") und wurde 1877 erstmals in Europa (Frankreich) beobachtet. Der **Pappelblattkäfer** *(Melasoma populi)* ist auch auf Weiden häufig. Stört man ihn, scheidet er einen nach Blausäure riechenden Stoff ab.

K1 E2 (Mon.) Ü lm A2 Neo

1 Hirschkäfer, ♂/♀

2a Gewöhnlicher Mistkäfer △

2b Frühlings-Mistkäfer

3a Erlenblattkäfer △

3b Johanniskraut-Blattkäfer △

3c Rapsglanzkäfer △

3d Spargelhähnchen

3e Lilienhähnchen

4a Kartoffelkäfer

4b Pappelblattkäfer

Bockkäfer

Bockkäfer haben meist sehr lange Fühler. Diesem auffallenden Merkmal hat die Käferfamilie ihren Namen zu verdanken. Die meist relativ schmalen, lang gestreckten Käfer sind vielfach braun, häufig aber auch bunt gefärbt. Bei einigen Arten unterscheiden sich Männchen und Weibchen deutlich. Bockkäfer sind Pflanzenfresser. Man findet sie an sonnigen Plätzen an Blüten oder in Bäumen. Ihre Larven leben in Holz oder auch in krautigen Pflanzen.

1 Hausbock

(Hylotrupes bajulus) Fam.: Bockkäfer

L 2 cm Mai – Sept.

Flügeldecken schwarz, mit zwei weißlichen Querbinden; grauweißlich behaart. Die Flügeldecken des **Zweibindigen Zangenbocks** *(Rhagium bifasciatum)* sind seitlich rostrot und haben gelbliche Querbinden und Flecken. △

Öko: Der Hausbock gilt als Kulturfolger und ist bei uns vor allem in Häusern zu finden. Seine Larven entwickeln sich in altem Nadelholz, bevorzugt in Dachbalken und Pfosten. Je nach Alter des Holzes kann die Entwicklung bis zu zehn Jahre dauern. Der Zweibindige Zangenbock tritt in Wäldern auf Zweigen und Blüten auf. Seine Larven leben in Fichtenstubben.

Übrigens: Infolge der Holzimprägnierung wird der Hausbock – einst ein sehr gefürchteter Schädling – immer seltener. Der metallisch goldgrüne, große **Moschusbock** *(Aromia moschata)* ist an Weiden und auf Blüten zu finden. Seine Larven entwickeln sich vor allem in alten Kopfweiden.

K1 E2–10 Ü La A <6 (Mon.)

2 Echter Widderbock

(Clytus arietis) Fam.: Bockkäfer

L 1,4 cm Mai – Juli

Färbung wespenähnlich; geschwungenes gelbes Band in der Mitte der Flügeldecken, dahinter ein gerades Band. Der **Gefleckte Schmalbock** (*Strangalia maculata*; bis 2 cm) hat hellgelbe bis rotgelbe Flügeldecken mit schwarzen Bändern und Flecken. △

Öko: Der Widderbock ist in Gärten und Hecken auf den Blüten von Weißdorn und verschiedenen Doldenblütengewächsen zu beobachten. Die Larvenentwicklung im Totholz verschiedener Laubbäume dauert zwei Jahre.

Übrigens: Die wespenähnliche Färbung des Widderbocks schreckt Fressfeinde ab. Obstbaumstubben sollte man nicht entfernen, denn darin können sich die Käferlarven entwickeln.

K1 E2 Ü La A3 (Mon.)

3 Roter Halsbock

(Leptura rubra) Fam.: Bockkäfer

L ♂ 1 cm/♀ 1,9 cm Juni – Sept.

♂ mit gelbbraunen Flügeldecken, Schienen und Füßen; Halsschild schwarz. Beim ♀ Flügeldecken und Halsschild rotbraun. △

Öko: Der Rote Halsbock ist auf Waldlichtungen, an Wegen und auf Wiesen auf Korb- und Doldenblüten häufig anzutreffen. Er frisst Pollen und Nektar sowie Staubblätter und Stempel. Die Weibchen sterben nach der Eiablage. Die Larven entwickeln sich in totem Holz.

Übrigens: Nimmt man ein Männchen in die Hand, gibt es knarrende Geräusche von sich.

K1 E2 Ü La A <4 (Mon.)

4 Großer Pappelbock

(Saperda carcharias) Fam.: Bockkäfer

L 3 cm Juli – Aug.

Schwarz, dicht gelbbraun gepunktet. Fühler des ♂ länger, des ♀ kürzer als der Körper.

Öko: Der Große Pappelbock lebt in Pappelbeständen, wo er sich von Blättern ernährt. Die Eiablage erfolgt im Herbst in Äste oder Stämme jüngerer Pappeln. Die Larvenentwicklung beginnt im folgenden Frühjahr zunächst hinter der Baumrinde und wird im zweiten Jahr in einem tiefer im Holz liegenden Gang fortgesetzt.

Übrigens: Von den Larven des Pappelbocks befallene junge Pappeln sterben meist ab oder werden vom Wind gebrochen.

K1 E2 Ü Ei/La A2 (Mon.)

1a Hausbock △

1b Zweibindiger Zangenbock

1c Moschusbock

2a Echter Widderbock △

2b Gefleckter Schmalbock △

3 Roter Halsbock, ♂/♀ △

4 Großer Pappelbock

Rüsselkäfer

Rüsselkäfer sind an ihrem lang ausgezogenen Kopf gut zu erkennen. Er gleicht einem Rüssel, an dem die beiden Fühler sitzen. Es handelt sich um eine äußerst artenreiche Käferfamilie. Die meisten Arten sind Pflanzenfresser. Die meisten der walzenförmigen, beinlosen Larven leben im Inneren von Pflanzen – in Früchten, Blättern, Stängeln oder Wurzeln, einige auch unter Baumrinde oder im Boden.

1 Nesselblattrüssler

(Phyllobius urticae) Fam.: Rüsselkäfer

L 8 mm April – Juli

Flügelecken stark gewölbt; schuppig grün bis blaugrün. Beine und Fühler braun. △

Öko: Der Nesselblattrüssler ist in erster Linie auf der Brennnessel, seiner Hauptfutterpflanze, zu finden. Die Larven entwickeln sich im Boden und ernähren sich von Pflanzenwurzeln, bevorzugt von denen der Brennnessel.

Übrigens: Nicht immer bevorzugen Käfer und Larven die gleichen Futterpflanzen. Der Braune Schmalbauch *(Ph. oblongus)* – auch ein Blattrüssler – ernährt sich unter anderem von den Blättern von Obstbäumen, während seine Larven an den Wurzeln der Taubnessel und einiger anderer Kräuter fressen.

K1 E < 1 Ü lm A 1

2 Buchenspringrüssler

(Rhynchaenus fagi) Fam.: Rüsselkäfer

L 2,5 mm April – Sept.

Körper längsoval und fein behaart; Hinterbeine verdickt, mit Sprungvermögen. △

Öko: Buchenspringrüssler ernähren sich in erster Linie von Blättern und Blüten der Rotbuche. Die Larven fressen ausschließlich an Buchenblättern, in deren Innerem sie kleine Gänge (Minen) erzeugen. Zunächst entsteht eine Gangmine, die sich dann zu einer so genannten Platzmine erweitert (s. S. 193). Die Käfer überwintern in der Laubstreu und legen im folgenden Frühjahr ihre Eier einzeln in die Mittelrippe junger Buchenblätter ab.

Übrigens: Die Larven des Buchenspringrüsslers richten, auch wenn sie in größerer Zahl auftreten, meist keine nennenswerten Schäden an. Der **Birkenblattroller** *(Deporaus betulae)* rollt Birkenblätter zu kleinen Tüten und legt darin seine Eier ab (s. S. 195). Es gibt zahlreiche ähnliche Arten an anderen Baumarten.

K1 E 6 (Mon.) Ü lm A 1

3 Haselnussbohrer

(Curculio nucum) Fam.: Rüsselkäfer

L 7 mm Mai – Aug.

Graubraune und weißliche Schuppen auf dunklem Grund; Rüssel sehr lang und gebogen. △

Öko: Im Frühjahr ernährt sich der Haselnussbohrer von verschiedenen Früchten. Später wechselt er auf Haselsträucher, an deren Blättern er frisst. Die Weibchen legen in der Regel jeweils ein Ei in eine junge Haselnuss. Befallene Nüsse fallen nach einiger Zeit ab. Im Herbst wandert die Larve in den Boden um dort zu überwintern und sich schließlich zu verpuppen. Die Jungkäfer schlüpfen im Mai.

Übrigens: Im naturnahen Garten mit Igeln, Vögeln und Spitzmäusen halten sich Schäden durch Haselnussbohrer in Grenzen.

K1 E 1 – 3 Ü La A < 1

4 Rauer Dickmaulrüssler

(Otiorhynchus raucus) Fam.: Rüsselkäfer

L 7 mm April – Sept.

Dunkelbraun bis schwarz, mit hellen Flecken; Halsschild breiter als lang; Flügeldecken mit vertieften Punktreihen. △

Öko: Der nachtaktive Raue Dickmaulrüssler ist auf Kulturpflanzen ein ungebetener Gast. Er frisst z. B. an Erdbeeren und Rhododendron buchtenförmige Löcher in die Blätter. Die Larven bringen durch Wurzelfraß Pflanzen zum Absterben. Feinde sind Igel und Spitzmäuse.

Übrigens: Die Larven des Käfers lassen sich mit einer Fadenwurmart (*Nematoden*; s. S. 82) auf natürliche Weise bekämpfen.

K1 E 8 (Mon.) Ü La A < 1

1 Nesselblattrüssler bei der Paarung △

2a Buchenspringrüssler △

2b Birkenblattroller △

3 Haselnussbohrer △

4 Rauer Dickmaulrüssler △

1 Gewöhnlicher Weichkäfer

(Cantharis fusca) Fam.: Weichkäfer

L 1,5 cm Mai – Juni

Hinterer Teil des Halsschilds und einige Fühlerglieder gelbrot; Vorderbeine innen rotbraun; übriger Körper schwarz. Beim **Variablen Weichkäfer** *(C. livida)* sind Kopf, Halsschild und Beine hellrot, die Flügeldecken in der Regel bräunlich. Die Färbung der Käfer ist allerdings sehr variabel. △

Öko: Der Gewöhnliche Weichkäfer ist im Sommer besonders auf Doldenblüten häufig anzutreffen. Er ernährt sich vorwiegend von Insekten, unter anderem auch von Blattläusen. Die Larven überwintern.

Übrigens: Die schwarzen, samtig behaarten Larven heißen auch „Schneelarven", weil sie auch im Winter aktiv sind. Der **Ameisenbuntkäfer** (*Thanasimus formicarius*; Fam. Buntkäfer) hat zwei weiße Binden auf den Flügeldecken.

K2 E 8 (Mon.) Ü La A 2 (Mon.)

2 Gewöhnlicher Totengräber

(Necrophorus vespillo) Fam.: Aaskäfer

L 3 cm April – Sept.

Fühlerkeule rot; Flügeldecken am vorderen und hinteren Rand mit hellen Haaren. △

Öko: Der Gewöhnliche Totengräber ist in Wäldern und Parks zu Hause. Er untergräbt kleinere Tierkadaver, zieht sie in die so vorbereitete Grube und formt sie zu Kugeln. In einem von der Grube abzweigenden Gang legen die Käfer ihre Eier ab. Totengräber betreiben Brutpflege; die Weibchen füttern die jungen Larven zunächst. Später ernähren diese sich selbstständig von den Aaskugeln. Die Verpuppung erfolgt im Boden.

Übrigens: Die Weibchen des Totengräbers geben einen Verdauungssaft in die Aaskugeln. Mit dem so vorverdauten Aas füttern sie die Larven. Die **Rothalsige Silphe** *(Oeceoptoma thoracica)* lebt von Kadavern, Säugetierkot und faulenden Pflanzen. Häufig findet man sie an den Fruchtkörpern des Stinkmorchels, eines Pilzes, der Aasgeruch verströmt.

D E 1 (Mon.) Ü lm A < 1

3 Glühwürmchen

(Lampyris noctiluca) Fam.: Leuchtkäfer

L ♂ 1,8 cm/♀ 1,2 cm Juni – Sept.

♀ flügellos. Nur das ♀ leuchtet. Das kleinere **Johanniswürmchen** *(Lamprohiza splendidula)* hat ein Fenster im Halsschild, durch das die Augen erkennbar sind. ♀ mit Flügelstummeln. ♂ und ♀ leuchten.

Öko: Zur Paarungszeit im Sommer fliegen die Männchen über die Wiesen, während die flugunfähigen Weibchen sie sitzend mit Leuchtsignalen anlocken. Ihre Eier legen sie in den Boden. Die Larven (vgl. 183.10) fressen Schnecken, die Käfer kommen ohne Nahrung aus.

Übrigens: Das Glühwürmchen wird auch „Großer Leuchtkäfer" genannt. Das Leuchten erzeugen die Käfer mithilfe des Leuchtstoffs *Luciferin*. Bei diesem „kalten" Licht gibt es keine Energieverluste durch Wärmeabstrahlung. Es ist so hell, dass man beim Licht mehrerer Käfer ein Buch lesen könnte. Das Johanniswürmchen schwärmt im Juni/Juli etwa zur Zeit des Johannistages (21.06.).

– ;K2 E 2 – 3 Ü La A 1 (Mon.)

4 Punktierter Mulmräuber

(Othius punctulatus) Fam.: Kurzflügler

L 1,4 cm April – Okt.

Flügeldecken verkürzt, rotbraun; Fühler, Beine und Hinterleibsende rotbraun; übriger Körper schwarz oder schwarzbraun. Halsschild mit 3 Punkten an jeder Seite. Es gibt zahlreiche ähnliche Arten aus der Familie der Kurzflügler! △

Öko: Der Punktierte Mulmräuber ist in Wäldern und Parks unter Laub, Moos und Steinen, aber auch unter der Rinde vermodernder Bäume zu finden. Er ernährt sich räuberisch von Kleinlebewesen. Die Käfer überwintern.

Übrigens: Kurzflügler besitzen am Hinterleib Wehrdrüsen, aus denen sie bei Gefahr eine klebrige Flüssigkeit herausspritzen können. Gemeinsam mit Spinnen und Laufkäfern (s. S. 122) sind sie auf landwirtschaftlichen Nutzflächen die wichtigsten Jäger von Schadinsekten.

K2 E 8 (Mon.) Ü La/P A < 6 (Mon.)

1a Gewöhnlicher Weichkäfer △

1b Variabler Weichkäfer △

1c Ameisenbuntkäfer

2a Gewöhnlicher Totengräber △

3a Glühwürmchen, ♂/flügelloses ♀

2b Rothalsige Silphe

3b Johanniswürmchen

4 Punktierter Mulmräuber △

1 Siebenpunkt

(Coccinella septempunctata) Fam.: Marienkäfer

L 0,8 cm März – Okt.

Flügeldecken rot bis orangerot, mit sieben schwarzen Punkten. Der kleinere **Zweipunkt** *(Adalia bipunctata)* ist rot mit schwarzen Punkten oder schwarz mit roten Punkten.

Öko: Der Siebenpunkt ist in Wäldern, Gärten und Wiesen häufig anzutreffen. Käfer und Larven ernähren sich von Blattläusen. Bis zur Verpuppung kann eine Larve (183.13) bis zu 600 Blattläuse vertilgen. Die Eiablage erfolgt im späten Frühjahr; oft sind es mehrere hundert Eier pro Weibchen. Der Käfer überwintert unter trockenem Pflanzenmaterial und in Häusern.

Übrigens: Berührt man den Käfer, so stellt er sich tot und gibt aus den Beingelenken einen übel riechenden gelben Saft ab. Zum Schutz dieser äußerst nützlichen Tiere kann man beitragen, indem man im Garten auf chemischen Pflanzenschutz verzichtet und im Herbst wenigstens stellenweise Laub und abgestorbene Pflanzenteile liegen lässt.

K2 E < 2 (Mon.) Ü Im A 1

2 Zweiundzwanzigpunkt

(Psyllobora vigintiduopunct.) Fam.: Marienkäfer

L 0,4 cm April – Aug.

Flügeldecken leuchtend gelb, mit schwarzen Punkten.

Öko: Der Zweiundzwanzigpunkt ist in Gärten und Wäldern sowie an Wegrainen häufig zu finden. Er frisst vor allem Mehltaupilze auf verschiedenen Pflanzen, besonders auf Rotem Hartriegel. Die Eiablage erfolgt im späten Frühjahr. Die Käfer überwintern unter Laub und sonstigem trockenen Pflanzenmaterial.

Übrigens: Wie der Siebenpunkt fällt auch der Zweiundzwanzigpunkt bei Gefahr in einen Starrezustand. Dabei scheidet er *Haemolymphe* aus, eine übel schmeckende Flüssigkeit, die manche Feinde abschreckt. Beim Aufsaugen von Laub mithilfe von Rasenmähern oder speziellen Laubsaugern werden jährlich zahllose Marienkäfer getötet.

K1 E 2 – 3 (Mon.) Ü Im A < 5 (Mon.)

3 Scharlachroter Feuerkäfer

(Pyrochroa coccinea) Fam.: Feuerkäfer

L 1,8 cm April – Juni

Halsschild und Flügeldecken leuchtend rot (Name!); übriger Körper schwarz.

Öko: Der Scharlachrote Feuerkäfer lebt in Laubwäldern und am Waldrand. Man findet ihn auf Blüten, auf vermodernden Baumstämmen und Stubben sowie hinter morscher Rinde. Die Larven sind abgeflacht und tragen zwei kleine Spitzen am Körperende. Sie leben unter der Rinde trockener Bäume, wo sie eigene Gänge anlegen oder die Gänge anderer Insekten nutzen. Sie ernähren sich von Insekten und machen sich als Vertilger des Borkenkäfers und seiner Larven sehr nützlich. Zwischen Rinde und Holz verpuppen sie sich auch. Die Entwicklung zum Käfer dauert zwei bis drei Jahre.

Übrigens: Bei Nahrungsmangel werden Feuerkäfer zu Kannibalen, sie fressen ihre Artgenossen.

K1/2 E 2 – 3 Ü La A 3 (Mon.)

4 Saatschnellkäfer

(Agriotes lineatus) Fam.: Schnellkäfer

L 1 cm Mai – Juni

Schwarzbraun; Flügeldecken mit hellen und dunklen Längsstreifen. Käfer schnellt bei Gefahr hoch. Es gibt mehrere ähnliche Arten. △

Öko: Der Saatschnellkäfer lebt in Gärten, auf Wiesen und an Waldrändern. Oft sieht man ihn auf Gräsern. Er ernährt sich von zarten Pflanzenteilen. Die Larven (182.8) werden auch „Drahtwürmer" genannt. Sie bohren sich in die Wurzeln verschiedener Kulturpflanzen und können dadurch beträchtliche Schäden anrichten.

Übrigens: Der **Blutrote Schnellkäfer** *(Ampedus sanguineus)* hat rote Flügeldecken. Schnellkäfer stellen sich bei Gefahr tot. Mit ihrem Schnellapparat können sie sich bis 30 Zentimeter hoch schleudern und um 180° drehen. Sie schützen sich so vor Fressfeinden. Durch Fruchtwechsel lassen sich „Drahtwurm-Schäden" auf Äckern gering halten.

K1 E 5 – 6 Ü La A < 2 (Mon.)

1a Siebenpunkt

1b Zweipunkt, rot/und schwarz

2 Zweiundzwanzigpunkt

3 Scharlachroter Feuerkäfer

4a Saatschnellkäfer △

4b Blutroter Schnellkäfer △

1 Mehlkäfer

(Tenebrio molitor) Fam.: Schwarzkäfer

L 18 mm Jan. – Dez.

Schwarz bis schwarzbraun; Halsschild breiter als lang; Flügeldecken mit Punktstreifen. △

Öko: Mehlkäfer sind Kulturfolger. Sie nisten sich insbesondere in Bäckereien, Speichern und Mühlen ein, wo sie Getreide und Mehlprodukte verzehren. Ihre Eier legen sie zwischen Lebensmitteln ab, in denen man dann ihre Larven („Mehlwürmer"; 182.7) findet. In der Natur leben Mehlkäfer vor allem in vermoderndem Holz, aber auch in Vogelnestern. Nachts fliegen sie zum Licht und dringen dann auch durch offene Fenster in Häuser ein.

Übrigens: Von Mehlkäfern befallenes Mehl wird klumpig und nimmt einen muffigen Geruch an. Die Käfer können verschiedene parasitische Wurmarten übertragen. Viele Vogel- und Terrarienliebhaber halten „Mehlwürmer" als Frischfutter für ihre Tiere. Man kann die Larven auch in Zoohandlungen kaufen.

K1 E1 Ü La/Im A < 1

2 Gewöhnlicher Speckkäfer

(Dermestes lardarius) Fam.: Speckkäfer

L 9,5 mm April – Aug.

Flügeldecken vorne mit dunkel gepunktetem Querband aus gelblichen Härchen. △

Öko: Speckkäfer leben in Wohnungen und in Taubenschlägen. Die Larven fressen Woll- und Seidenfäden, trockenes Fleisch und andere eiweißreiche Stoffe. In freier Natur bewohnen sie vermoderndes Holz. Die Larven überwintern und verpuppen sich in Holz und Borke.

Übrigens: Speckkäferbefall erkennt man an den lang behaarten Larvenhäuten. An ausgestopften Tieren richten sie oft große Schäden an. Einem Befall lässt sich durch regelmäßiges Staub saugen und häufiges Lüften der Wohnung vorbeugen. **Museumskäfer** *(Anthrenus verbasci)* sind kleiner (ca. 4 mm) und tragen eine weißliche und gelbliche Zeichnung aus vielen kleinen Schuppen. In Insektensammlungen sind sie gefürchtete Schädlinge (Larve s. 183.11).

K1 E < 2 (Mon.) Ü La/Im A 1

3 Kupferstecher

(Pityogenes chalcographus) Fam.: Borkenkäfer

L 2,5 mm April – Aug.

Körper braunschwarz; Flügeldecken glänzend dunkelbraun, am unteren Ende auf beiden Seiten je drei Zähne. ♀ mit halbkreisförmiger Stirngrube. △

Öko: Kupferstecher schwärmen im April und Juli/August. Sie befallen junge Fichten sowie Jungtriebe älterer Bäume. Das typische Fraßbild unter der Borke (s. S. 193) verrät den Käfer: Von der „Rammelkammer" gehen sternförmig drei bis sechs Muttergänge aus, an deren Ende die Puppenkammern liegen. Die Käfer überwintern in Bodenmulm oder Brutmaterial.

Übrigens: Rötliche Nadelspitzen, Bohrmehl auf der Borke und Spechtbohrlöcher deuten auf einen Kupferstecher-Befall hin. Der Kupferstecher wird auch „Fichtenborkenkäfer" genannt.

K1 E < 2 (Mon.) Ü La/P/Im A < 1

4 Buchdrucker

(Ips typographus) Fam.: Borkenkäfer

L 5 mm April – Juni

Stark behaart; dunkelbraun bis braunrot; am Flügelabsturz beidseitig je 4 Zähne, von denen jeweils der Dritte am kräftigsten ist. Der ähnliche **Ulmensplintkäfer** *(Scolytus scolytus)* ist weniger behaart. △

Öko: Der Buchdrucker kommt in älteren Fichten oft gemeinsam mit dem Kupferstecher vor. Das Weibchen legt die Eier in der Rinde zu beiden Seiten eines längeren Mutterganges in Eikammern ab. Die Larven bohren rechtwinklig vom Muttergang abzweigende Larvengänge (s. S. 193). Sie überwintern im Boden oder in Bohrgängen im Holz.

Übrigens: Der Buchdrucker ist einer unserer häufigsten und gefürchtetsten Borkenkäfer. Der Ulmensplintkäfer überträgt einen Pilz auf Ulmen, der für das Ulmensterben verantwortlich ist. Der **Gewöhnliche Holzwurm** (Klopfkäfer; *Anobium punctatum*; Fam. Nagekäfer) richtet vor allem in Bauholz und in alten Holzmöbeln Schäden an (s. S. 193).

K1 E < 2 (Mon.) Ü Im A 1

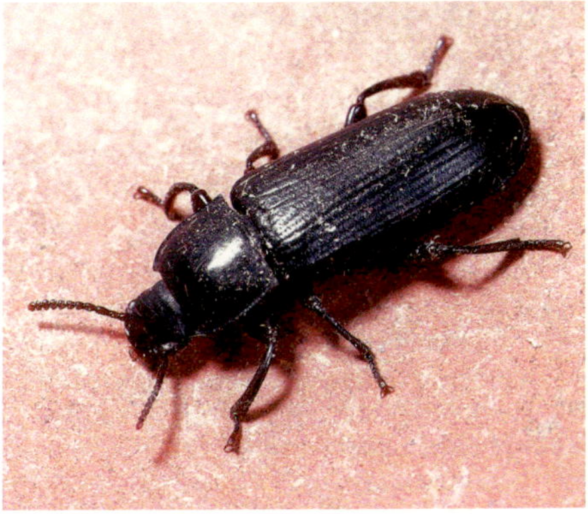

1 Mehlkäfer △

3 Kupferstecher im Brutgang △

2a Gewöhnlicher Speckkäfer △

4a Buchdrucker △

2b Museumskäfer

4b Ulmensplintkäfer △

1 Gewöhnlicher Gelbrandkäfer

(Dytiscus marginalis) Fam.: Schwimmkäfer

L 3,5 cm März – Nov.

Körper breit oval; Halsschild und Flügeldecken mit gelbem Rand (Name!). ♂ schwarzgrün und glatt; ♀ grünbraun, meist mit Längsfurchen über 2/3 der Flügellänge. △

Öko: Der Gewöhnliche Gelbrandkäfer ist ein räuberischer Schwimmkäfer. Er frisst Tiere bis zur Größe eines Stichlings (S. 78). Die Eier legt er mithilfe der Legeröhre in Pflanzengewebe ab. Auch die Larven leben räuberisch. Sie spritzen einen Verdauungssaft in ihre Beutetiere und saugen sie anschließend aus. Zum Atmen kommen Käfer und Larve an die Wasseroberfläche. Bei niedriger Wassertemperatur fällt der Gelbrandkäfer in Winterstarre.

Übrigens: Die männlichen Gelbrandkäfer haben Haftorgane an den Vorderbeinen. Vor der Paarung tragen die Weibchen sie zwei bis drei Tage mit sich herum. Die Spermien bleiben mehrere Monate aktiv. Die Larven fressen in den fünf bis sechs Wochen bis zur Verpuppung bis zu 9000 Kaulquappen!

K2 E <6 (Mon.) Ü lm A 5

2 Stachelwasserkäfer

(Hydrophilus caraboides) Fam.: Wasserkäfer

L 1,8 cm Juni – Okt.

Glänzend schwarz, mit leichtem Grünschimmer; Bauchseite flach, Rücken stark gewölbt. Kiefertaster sehr lang; man kann sie mit Fühlern verwechseln. △

Öko: Der Stachelwasserkäfer lebt in pflanzenreichen stehenden Gewässern. Er ernährt sich von Pflanzen, zwischen denen er sich auch versteckt hält. Das Weibchen baut im Frühjahr aus einem Blattstück und Spinnfäden einen Kokon, in den es etwa 50 Eier ablegt. Die Larven leben räuberisch dicht unter der Wasseroberfläche.

Übrigens: An der Unterseite der Vorderbrust trägt der Stachelwasserkäfer einen Dorn. Auf diesen geht sein Name zurück. Früher waren die Käfer in Tümpeln und Teichen ziemlich häufig, inzwischen sind sie selten geworden.

K1 E <6 (Mon.) Ü lm A <1 RLV

3 Furchenschwimmer

(Acilius sulcatus) Fam.: Schwimmkäfer

L 1,8 cm April – Nov.

Körper breit und flach; Halsschild mit 2 schwarzen Querbinden. ♂ mit Punktreihen, ♀ mit je 3 – 4 glatten Längsrippen auf den Flügeldecken, dazwischen dicht behaart.

Öko: Der Furchenschwimmer ist ein ausgezeichneter Schwimmer. Er bevorzugt stehende Gewässer. Seine Nahrung besteht aus lebenden und toten Wassertieren. Im Frühjahr legen die Weibchen Eipakete mit bis zu 50 Eiern in morsche ins Wasser ragende Stämme. Die buckelig wirkenden Larven fressen Kleinkrebse und Insektenlarven. Auch sie sind gewandte und schnelle Schwimmer. Sie verpuppen sich in einer kleinen selbst gebauten Erdhöhle.

Übrigens: Der Käfer fällt im Winter unter der zugefrorenen Wasseroberfläche in Kältestarre.

K2 E 3 (Mon.) Ü lm A <1

4 Gewöhnlicher Taumelkäfer

(Gyrinus substriatus) Fam.: Taumelkäfer

L 0,7 cm April – Nov.

Oval; schwarz glänzend, Flügeldecken mit feinen Punktreihen; hintere Beinpaare zu kurzen „Rudern“ umgebildet. Der **Schnellschwimmer** (*Agabus bipustulatus*; Fam. Schwimmkäfer) hat keine solchen Ruderbeine. △

Öko: Taumelkäfer bewohnen stehende Gewässer und ruhige Zonen von Fließgewässern. Auf deren Oberfläche sieht man sie rasend schnell in kreisförmigen Bahnen umherschwimmen. Ihre Komplexaugen sind zweigeteilt; sie können so zugleich über und unter Wasser sehen. Taumelkäfer erbeuten auf die Wasserfläche gefallenen Tiere. Ihre Eier legen sie perlschnurartig an Wasserpflanzen ab. Die Larven leben räuberisch am Gewässerboden und verpuppen sich in einer kleinen Lehmkammer am Ufer.

Übrigens: Mit seinen Fühlern, die auf der Wasseroberfläche liegen, spürt der Taumelkäfer jede Wellenbewegung. Bei Gefahr taucht er sofort ab. Käfer der Familie **Wassertreter** bewegen ihre Beine abwechselnd wie beim Laufen.

K2 E <6 (Mon.) Ü lm A <1

1a Gewöhnlicher Gelbrandkäfer, ♂ △

1b Gewöhnlicher Gelbrandkäfer, ♀ △

2 Stachelwasserkäfer △

3 Furchenschwimmer, ♂ und ♀

4a Gewöhnlicher Taumelkäfer

4b Schnellschwimmer △

4c Wassertreter

1 Admiral

(Vanessa atalanta) Fam.: Edelfalter

L 3,5 cm Sp 6 cm Mai – Okt.

Unverwechselbar; schwarz mit roter und weißer Zeichnung.

Öko: Der Admiral fliegt in Gärten, an Hecken und Waldrändern. Er saugt Nektar und die süßen Säfte von zu Boden gefallenen Früchten. Im Frühjahr wandern die Falter in großer Zahl über die Alpen nach Mitteleuropa ein (Wanderfalter). Ihre Eier legen sie vor allem auf der Großen Brennnessel ab. Es entstehen zwei Generationen im Jahr. Im Herbst wandern die Tiere zurück in den Süden; nur wenige versuchen bei uns zu überwintern.

Übrigens: Seinen Namen hat der Schmetterling nach den roten Streifen, die früher die Uniformen der Admiräle zierten.

K1 E<3 (Mon.) Ü – /Im A<2 (Mon.)

2 Schwalbenschwanz

(Papilio machaon) Fam.: Ritterfalter

L 4,5 cm Sp 8 cm April – Aug.

Hinterflügel mit schwanzartigen Fortsätzen.

Öko: Schwalbenschwänze sind in blütenreichen Wiesen, vor allem auf Kalkmagerrasen, anzutreffen. Sie ernähren sich vom Nektar der Wiesenblumen. Die Raupen leben hauptsächlich auf der Wilden Möhre oder anderen Doldenblütengewächsen.

Übrigens: Die spitzen Verlängerungen der Hinterflügel erinnern an die Schwanzspieße der Rauchschwalbe (Name!).

K1 E2 – 12 (Mon.) Ü La A<1 (Mon.) RLV

3 Tagpfauenauge

(Inachis io) Fam.: Edelfalter

L 4,2 cm Sp 6 cm Mai – Juli

Rotbraun mit vier großen Augenflecken.

Öko: Das Tagpfauenauge lebt in offenem Gelände. Der Falter kommt auch häufig in Gärten vor, wo er an Blüten saugt. Seine Raupen (181.7) leben vor allem auf Brennnesseln. Die Falter überwintern in frostsicheren Verstecken; oft findet man sie auf Dachböden.

Übrigens: Auch die Schwanzfedern des Pfaus tragen phantastisch bunte Augenflecke; danach ist der Schmetterling benannt.

K1 E2 (Mon.) Ü Im A<2 (Mon.)

4 Distelfalter

(Cynthia cardui) Fam.: Edelfalter

L 3 cm Sp 6 cm Mai – Okt.

Vorderflügel mit weißen und schwarzen Flecken; Hinterflügel nur schwarz gefleckt.

Öko: Der Distelfalter ist an Hecken und Waldrändern, über Distelbeständen sowie über Klee- und Luzernefeldern zu beobachten. Er bringt pro Jahr zwei bis drei Generationen hervor. Im späten Frühling wandern die Falter aus Südeuropa ein. Im Herbst fliegen sie zurück oder gehen zugrunde. Die Raupen leben auf Disteln, Brennnessel, Klette und Huflattich.

Übrigens: Wandernde Distelfalter haben es sogar geschafft, bis nach Island zu fliegen.

K1 E2 (Mon.) Ü – A<2 (Mon.)

5 Kleiner Fuchs

(Aglais urticae) Fam.: Edelfalter

L 2,5 cm Sp 5 cm Mai – Sept.

Grundfärbung rotbraun (Name!); Randsaum dunkel mit blauen Flecken, Hinterflügel an der Basis dunkel.

Öko: Der Kleine Fuchs ist im Frühjahr einer der ersten Falter. Er fliegt an Waldrändern und in Gärten. Die Raupen entwickeln sich auf der Großen Brennnessel. Es gibt zwei bis drei Generationen im Jahr. Den Winter übersteht dieser Schmetterling auf Dachböden, in Kellern, in Höhlen und an anderen geschützten Orten.

Übrigens: Die Puppe des Kleinen Fuchs hängt mit dem Kopf nach unten und ist nur am Hinterleibsende befestigt („Stürzpuppe"; 180.6).

K1 E<2 (Mon.) Ü Im A<2 (Mon.)

1 Admiral

2 Schwalbenschwanz

3 Tagpfauenauge

4 Distelfalter

5 Kleiner Fuchs

1 Großes Ochsenauge

(Maniola jurtina) Fam.: Augenfalter

L 2 cm Sp 5,5 cm Mai – Okt.

Dunkelbraun mit je einem Augenfleck auf den Vorderflügeln. Diese sind auf der Flügelunterseite wegen der hellen Grundfarbe noch auffälliger. △

Öko: Lebensraum des Großen Ochsenauges sind Wiesen, krautreiche Ruderalflächen, Hecken und Waldränder. Das Weibchen legt die Eier einzeln an Pflanzen gemähter Wiesen ab. In der Regel erscheint nur eine Generation im Jahr, die bis zum August fliegt. Es kommt aber auch vor, dass sich im Spätsommer und Herbst eine zweite Generation entwickelt. Die Raupen fressen an verschiedenen Gräsern, besonders an Rispengras. Sie überdauern den Winter am Boden.

Übrigens: Ochsenaugen gibt es in vielen Farbvarianten. Häufig treten auch Falter auf, denen die Farben fehlen. Solche Tiere bezeichnet man als Albinos.

K1 E 3 – 12 (Mon.) Ü La A < 2 (Mon.)

2 Kleiner Heufalter

(Coenonympha pamphilus) Fam.: Augenfalter

L 1,8 cm Sp 3,6 cm April – Sept.

Unterseite der Vorderflügel mit schwarzem Augenfleck, der in der Mitte einen weißen Punkt aufweist. △

Öko: Den Kleinen Heufalter kann man über Mähwiesen, Rasenflächen, Heiden, Kiesgruben, an saumreichen Hecken, Wegrändern und in Parkanlagen beobachten. Sein Flug ist langsam und flatternd. Das Weibchen legt seine Eier einzeln bevorzugt an Rispengras und Ruchgras ab. Dort fressen die Raupen. Sie überwintern dicht am Boden im Pflanzenbestand.

Übrigens: Wegen seiner Flügelzeichnung wird der Kleine Heufalter auch „Kälberauge" genannt. Ein weiterer Name ist „Wiesenvögelchen". Dieser geht wohl auf den flatternden Flug des Falters zurück.

K1 E 2 – 12 (Mon.) Ü La A < 2 (Mon.)

3 Großer Perlmutterfalter

(Mesoacidalia aglaja) Fam.: Edelfalter

L 3,8 cm Sp 6 cm Juni – Sept.

Unterseite der Hinterflügel grünlich, mit silbernen Flecken. Die Flügelunterseiten des ähnlichen **Kaisermantels** *(Argynnis paphia)* haben silbrige Streifen. △

Öko: Der Große Perlmutterfalter fliegt über Wiesen und Mooren sowie in lichten Wäldern. Die Falter besuchen vor allem die Blüten verschiedener Distelarten und anderer Korbblütengewächse. Die Raupen leben vorwiegend auf Veilchen und überwintern auch auf ihrer Wirtspflanze.

Übrigens: Die Namen „Perlmutterfalter" und „Kaisermantel" beziehen sich auf die prächtigen Zeichnungen der Flügelunterseiten. Perlmutter ist die in vielen Farben schimmernde Innenschicht von Schnecken- und Muschelschalen.

K1 E 1 Ü La A < 2 (Mon.) RLV

4 Landkärtchen

(Araschnia levana) Fam.: Edelfalter

L 2,2 cm Sp 4 cm April – Sept.

Frühjahrsform: rötlich braun, mit schwarzen und kleinen weißen Flecken. Sommerform: schwarzbraun, mit einer weißen bis gelblichen Querbinde und einer gelbroten Saumlinie.

Öko: Im Frühjahr kann man die Falter in Gärten, an Waldrändern und über krautreichen Ruderalflächen fliegen sehen. Sie legen ihre Eier in kleinen „Eitürmen" auf der Blattunterseite von Brennnesseln ab. Daraus entwickeln sich die Schmetterlinge der Sommergeneration, die sich im Aussehen stark von den im Frühjahr fliegenden Faltern unterscheiden *(Saisondimorphismus)*. Mitunter tritt sogar eine dritte Generation auf. Die Puppen der letzten Generation überwintern.

Übrigens: Die Schmetterlinge, die aus den überwinternden Herbstpuppen schlüpfen, sind heller gefärbt, denn während sie sich entwickeln fehlt die Wärme, die für die Bildung dunkler Farbstoffe (Pigmente) notwendig ist.

K1 E 2 – 12 (Mon.) Ü Pu A < 2 (Mon.)

1 Großes Ochsenauge △

2 Kleiner Heufalter △

3a Großer Perlmutterfalter △

3b Kaisermantel △

4a Landkärtchen: Frühjahrsform

4b Landkärtchen: Sommerform

1 Schachbrett

(Melanargia galathea) Fam.: Augenfalter

L 2,8 cm Sp 5 cm Juni – Aug.

Schwarz-weiße Fleckenzeichnung (Name!); Musterung auf der Flügelunterseite schwächer; Zeichnung variabel.

Öko: Das Schachbrett ist häufig in Wiesen und anderen grasreichen Lebensräumen zu beobachten. Dabei bevorzugt der Falter trockene Standorte. Das Weibchen lässt die Eier – teils im Flug – einfach zu Boden fallen. Die sich daraus entwickelnden Raupen fressen nachts an verschiedenen Gräsern. Sie überdauern den Winter und verpuppen sich im Frühjahr.

Übrigens: Besonders häufig kann man das Schachbrett auf Witwenblumen sitzen sehen. Die kleinen Raupen fressen nach dem Schlüpfen zunächst die Eihäute auf, bevor sie zu ihrer Hauptnahrung übergehen.

K1 E1 Ü La A<2 (Mon.)

2 Aurorafalter

(Anthocharis cardamines) Fam.: Weißlinge

L 3 cm Sp 4,5 cm April – Juni

Unterseite der Hinterflügel grün marmoriert, ♂ mit orangebraunem Fleck im Bereich der Flügelspitzen. Beim ♀ fehlt dieser Fleck.

Öko: Den Aurorafalter kann man im Frühjahr über feuchten Wiesen und Parkrasen und an krautreichen Heckensäumen beobachten. Seine Eier legt er auf Wiesenschaumkraut oder anderen Kreuzblütengewächsen ab. Dank seiner grünlich marmorierten Flügelunterseite ist der Aurorafalter in der Ruhehaltung mit hochgeklappten Flügeln hervorragend getarnt. Die Puppen überwintern. Im Frühjahr schlüpfen die Schmetterlinge.

Übrigens: Der Name des Schmetterlings bezieht sich auf die leuchtenden Flecken in den Vorderflügeln der Männchen. „Aurora" war bei den Römern die Göttin der Morgenröte. Aurorafalter sind seltener geworden, denn mit dem Trockenlegen feuchter Wiesen ging auch das Wiesenschaumkraut zurück.

K1 E1 Ü Pu A<2 (Mon.)

3 Großer Kohlweißling

(Pieris brassicae) Fam.: Weißlinge

L 2,8 cm Sp 6,5 cm März – Okt.

Weiß mit schwärzlichen Vorderflügelspitzen; ♀ zusätzlich mit 2 schwarzen Punkten auf den Vorderflügeln. Beim **Rapsweißling** *(P. napi)* sind die Unterseiten der Hinterflügel gelblich, die Adern erscheinen schwärzlich. Dem **Kleinen Kohlweißling** *(P. rapae)* fehlen diese dunklen Adern. △

Öko: Der Große Kohlweißling bewohnt Gärten und offenes Gelände. Seine Raupen (180.3) leben auf Kreuzblütengewächsen. Auf Kohlfeldern und in Gärten können sie in großer Zahl vorkommen. Einige Kohlweißlinge wandern im Frühjahr aus Südeuropa über die Alpen zu uns (Wanderfalter). Die Falter können bis zu drei Generationen im Jahr hervorbringen; den Winter überstehen sie als Puppe.

Übrigens: Bestimmte Arten von Schlupfwespen legen ihre Eier in den Körper der Kohlweißlingsraupen. Ihre Larven fressen die Raupen dann von innen her auf. Oft sind auf den Raupen die gelben Kokons der Schlupfwespen zu entdecken, die wie Eier aussehen.

K1 E3 – 12 (Mon.) Ü Pu A<2 (Mon.)

4 Zitronenfalter

(Gonepteryx rhamni) Fam.: Weißlinge

L 3,3 cm Sp 5,7 cm März – Okt.

♂ leuchtend zitronengelb (Name); ♀ heller.

Öko: Zitronenfalter leben in Gärten, Parks und Wäldern. Offene Agrarlandschaften meiden sie. Ihre Eier kann man auf der Blattunterseite von Faulbaum und Kreuzdorn entdecken. Die Schmetterlinge schlüpfen im Juli, fliegen einige Tage und verfallen dann in eine Sommerstarre; erst ab September kann man sie erneut fliegen sehen. Ende Oktober suchen sie ihre Überwinterungsplätze unter Blättern oder an Grashalmen auf.

Übrigens: Im Herbst produziert der Körper der Zitronenfalter Glycerin, das ihnen als „Frostschutzmittel" dient.

K1 E2 – 12 (Mon.) Ü Im A<9 (Mon.)

1 Schachbrett

2a Autorafalter, ♂

2b Aurorafalter, ♀

4 Zitronenfalter, ♂

3a Großer Kohlweißling, ♂/♀ △

3b Rapsweißling △

3c Kleiner Kohlweißling △

1 Bläulinge

(Lycaenidae) Fam.: Bläulinge

L 2,1 cm Sp 3,8 cm April – Sept.

Zur Familie der Bläulinge zählen etwa 45 zumeist seltene Schmetterlingsarten. Bei vielen von ihnen überwiegt die blaue Färbung (Name!), es gibt aber auch violette, grüne, braune und rotgoldene Bläulinge. Der **Hauhechel-Bläuling** *(Polyommatus icarus)* ist bei uns eine der häufigsten Arten; die ♂ sind blau, die ♀ dagegen braun. △

Öko: Fast alle Bläulinge bevorzugen trockene und warme Lebensräume mit niedrigem Pflanzenbewuchs. Der Hauhechel-Bläuling kommt auf Wiesen, Heiden, aber auch in Gärten vor. Seine Eier legt er vor allem an Schmetterlingsblütengewächsen ab.

Übrigens: Manche Ameisen schleppen die Raupen einiger Bläulings-Arten in ihren Bau, wo sie sich von den Larven ihrer „Gastgeber" ernähren. Als „Gegenleistung" liefern die Raupen honigähnliche Ausscheidungen, die die Ameisen auflecken.

K1 E1 Ü Ei/La/Pu A < 2 (Mon.)

2 Widderchen

(Zygaenidae) Fam.: Widderchen

L 2,2 cm Sp 4 cm Mai – Aug.

Zur Familie der Widderchen gehören etwa 25 einheimische Arten. Viele von ihnen sind lebhaft rot gefärbt und schimmern metallisch. Fühler keulenartig verdickt (Name!). Das **Gewöhnliche Blutströpfchen** *(Zygaena filipendulae)* ist relativ häufig. △

Öko: Das Gewöhnliche Blutströpfchen findet man auf Wiesen und an sonnigen Hängen. Fast alle Widderchen leben in trockenen, warmen Lebensräumen oder auf feuchtem Grünland. Die Falter sitzen häufig auf Blüten und sind schlechte Flieger. Ihre Eier legen sie vor allem an Schmetterlingsblütengewächsen ab; das Gewöhnliche Blutströpfchen bevorzugt dabei den Hornklee. Die Raupen überwintern.

Übrigens: Die Färbung der Schmetterlinge ist eine Warntracht; sie schreckt Feinde ab.

K1 E1 Ü La A < 2 (Mon.)

3 Brauner Bär

(Arctia caja) Fam.: Bärenspinner

L 6 cm Sp 7 cm Juni – Aug.

Vorderflügel weiß mit braunen Flecken; Hinterflügel rotbraun mit schwarzblauen Augenflecken.

Öko: Der Braune Bär fliegt nachts in Gärten, an Gebüschen und Waldrändern. Seine auffällige Färbung schützt ihn vor möglichen Fressfeinden. Sie signalisiert, dass der Falter ungenießbar ist. Man bezeichnet dies als Warntracht. Tagsüber sitzen die Falter oft an Baumstämmen oder Mauern. Dabei sind die leuchtenden Hinterflügel verdeckt und mit seinen gefleckten Vorderflügeln ist er dann von seiner Umgebung kaum zu unterscheiden. Die Raupen des Braunen Bärs fressen an verschiedenen Pflanzen, unter anderem an Löwenzahn, Habichtskraut, Heidelbeere und Himbeere. Sie überdauern zwei Winter, erst dann verpuppen sie sich.

Übrigens: Mit ihren dichten schwarzbraunen und braunroten Haaren sehen die Raupen wie ein Stück Bärenfell aus (Name!). Die meisten Vögel fressen diese haarigen Raupen nicht, eine Ausnahme bildet der Kuckuck.

K1 E2 Ü La A < 2 (Mon.) RLV

4 Rostfarbiger Dickkopffalter

(Ochlodes venatus) Fam.: Dickkopffalter

L 2,8 cm Sp 3,5 cm Juni – Aug.

Flügel beim ♂ ockerbraun mit dunklen Rändern; Vorderflügel mit kurzem schwarzen Schrägstrich. Flügel der ♀ braun mit gelbbraunen Flecken. △

Öko: Bevorzugte Lebensräume des Rostfarbigen Dickkopffalters sind Wiesen, Ruderalflächen, Gärten und Waldränder. Die Eier werden vor allem an Wiesenhafer und an Rispengräsern aber auch an verschiedenen anderen Gräsern abgelegt. Die Raupen überwintern, die Falter sind erst im folgenden späten Frühjahr zu beobachten.

Übrigens: Der Rostfarbige Dickkopffalter zeigt ein ausgeprägtes Revierverhalten; er vertreibt Artgenossen aus seinem Bereich.

K1 E1 Ü La A < 2 (Mon.)

1a Hauhechel-Bläuling, ♂ △

1b Dukatenfalter, ♂; auch er gehört zu den Bläulingen

2 Gewöhnliches Blutströpfchen △

3 Brauner Bär

4a Rostfarbiger Dickkopffalter, ♂ △

4b Rostfarbiger Dickkopffalter, ♀ △

1 Nonne

(Lymantria monacha) Fam.: Schadspinner

L 3,5 cm Sp 4,8 cm Juli – Sept.

Vorderflügel weiß mit vielen braunschwarzen, zackigen Binden und Flächen. △

Öko: Lebensraum der Nonnen sind in erster Linie Nadelwälder. Die Weibchen legen die Eier unter der Baumrinde ab, wo sie überwintern. Im folgenden Jahr schlüpfen die Raupen. In reinen Fichten- und Kiefernwäldern können sich die Falter mitunter so stark vermehren, dass die Bäume durch den Raupenfraß absterben. Meistens beendet aber eine Krankheit der Raupen die weitere Ausbreitung.

Übrigens: Der nahe verwandte **Schwammspinner** *(L. dispar)* ist bräunlich und hat dunkle Querstreifen auf den Vorderflügeln. Seine Raupen (181.10) ernähren sich vor allem von Eichenblättern.

K1 E1 Ü Ei A < 2 (Mon.)

2 Birkenspanner

(Biston betularius) Fam.: Spanner

L 3,2 cm Sp 4,4 cm Mai – Juli

Weiß, mit zahlreichen dunklen Punkten und Strichen oder (seltener) dunkel mit hellerer Zeichnung.

Öko: Der Birkenspanner lebt in lichten Wäldern, in Hecken und Parks. Auf der hellen Borke der Birken ist er kaum zu erkennen *(Mimese)*. Seine Eier legt er auf den Blättern verschiedener Gehölze ab. Die Raupen aller Spanner schieben beim Laufen im Wechsel die vorderen und die hinteren Beinpaare vor; dabei setzen sie die beiden hinteren Beinpaare jeweils so weit nach vorne, dass ihr Körper einen Buckel bildet. Man bezeichnet dies als „spannen“.

Übrigens: Die dunkle Form des Birkenspanners findet man in Gebieten mit starker Luftverschmutzung. Der **Frostspanner** *(Operophtera brumata)* fliegt im Winter. Das flügellose Weibchen legt seine Eier an Obstbäumen ab. Der **Stachelbeerspanner** *(Abraxas grossulariata)* war früher in Gärten recht häufig, wird aber seltener.

K1 E1 Ü Pu A < 2 (Mon.)

3 Goldafter

(Euproctis chrysorrhoea) Fam.: Schadspinner

L 2,5 cm Sp 1,8 cm Juni – Aug.

Flügel glänzend weiß; Hinterleibsende goldbraun (Name!) und wollig.

Öko: Der Goldafter fliegt vor allem in den Abendstunden. Man findet ihn an Eichen, Weißdorn und Schlehen sowie an Obstbäumen. Im Herbst fertigen die Raupen aus Blättern und Spinnfäden ein etwa faustgroßes Gespinst an, in dem sie gemeinsam überwintern.

Übrigens: Die Haare der Raupen und die Puppengespinste können auf der Haut eine heftige allergische Reaktion auslösen. Mitunter treten die Schmetterlinge in großer Zahl in Obstplantagen auf, wo sie erhebliche wirtschaftliche Schäden anrichten können.

K1 E1 Ü La A < 2 (Mon.)

4 Apfelwickler

(Cydia pomonella) Fam.: Wickler

L 2 cm Sp 2,5 cm Mai – Aug.

Spitzen der Vorderflügel mit braunem Fleck; darin goldfarbene Zeichnung. △

Öko: Apfelwickler legen ihre Eier einzeln an den jungen Früchten ab. Neben Äpfeln und Birnen befallen sie auch Quitten, Pflaumen, Pfirsiche und Walnüsse. Die rosafarbenen Raupen (182.6) bohren sich in die Früchte ein und bringen diese vorzeitig zum Abfallen. Sie überwintern in einem weißen Kokon in Rindenritzen oder im Boden. Dort verpuppen sie sich im Frühjahr. Apfelwickler bringen in der Regel pro Jahr ein bis zwei Generationen hervor. In Obstplantagen können ihre Raupen großen wirtschaftlichen Schaden anrichten.

Übrigens: Die jungen Raupen des Apfelwicklers werden „Obstmaden“ genannt; sie verursachen die „wurmigen“ Äpfel. Der **Eichenwickler** *(Tortrix viridana)* hat hellgrüne Vorderflügel und graubraune Hinterflügel. Er legt seine Eier an Eichen ab, daneben auch an Holunder und Geißblatt. Die Raupen leben in Blättern, die sie mithilfe von Gespinstfäden zusammengerollt haben (Name!).

K1 E3 – 12 (Mon.) Ü La A < 2 (Mon.)

1a Nonne △

1b Schwammspinner, ♀ und ♂

2a Birkenspanner bei der Paarung (helle und dunkle Form)

2b Frostspanner, flügelloses ♀ und ♂

2c Stachelbeerspanner

3 Goldafter

4a Apfelwickler △

4b Eichenwickler

1 Gammaeule

(Autographa gamma) Fam.: Goldeulen

L 2,5 cm Sp 2 cm Mai – Okt.

Vorderflügel grau und braun marmoriert. Der Fleck in der Mitte der Vorderflügel erinnert an den griechischen Buchstaben Gamma (γ).

Öko: Die Gammaeule ist tag- und nachtaktiv. Man findet sie auf staudenreichen Ruderalflächen, in Gärten und auf Ackerland. Der Schmetterling ist ein Wanderfalter. Er wandert im Frühjahr aus Südeuropa ein. Im Sommer entwickelt sich eine neue Generation, die im Frühherbst wieder über die Alpen nach Süden zurückwandert. In manchen Jahren überwintern Raupen bei uns und entwickeln sich im folgenden Frühjahr zu Schmetterlingen. Die Raupen sind an vielen verschiedenen Pflanzen zu finden, zum Beispiel an Taubnessel, an Klee, an Erbse, Wicke, Sonnenblume und an Kohl.

Übrigens: Im Ruhezustand stellt die Gammaeule – wie viele Eulenfalter – die Flügel dachförmig auf. Bei Beunruhigung beginnen die Flügel zu zittern (Aufwärmen vor dem Flug).

K1 E 3 – 12 (Mon.) Ü – /La A < 2 (Mon.)

2 Hausmutter

(Noctua pronuba) Fam.: Eulenfalter

L 5 cm Sp 6 cm Mai – Sept.

Vorderflügel braun; Hinterflügel gelb, am Rand mit einer schmalen dunklen Binde.

Öko: Die Hausmutter bewohnt offene Lebensräume aller Art. Häufig ist sie in Gärten und Parks anzutreffen. Die Schmetterlinge fliegen in der Nacht. Ihre Eier legen sie an verschiedenen Pflanzen ab. Hauptfutterpflanzen der Raupen sind Löwenzahn, Ampfer, Vogelmiere, Kohlarten und Gräser. Die Raupen fressen nachts, den Tag verbringen sie versteckt im Boden. Dort überstehen sie auch den Winter, um sich im Frühjahr zu verpuppen.

Übrigens: Die Hausmutter ist ein Nachtschmetterling. Häufig fliegt sie – vom Licht angezogen – in Häuser ein (Name!). Dort verbringt der Schmetterling den Tag versteckt in einem dunklen Winkel.

K1 E 1 Ü La A < 2 (Mon.)

3 Grasglucke

(Philudoria potatoria) Fam.: Glucken

L 7,5 cm Sp 6,5 cm Juni – Aug.

Körper dicht behaart. Vorderflügel mit zwei weißlichen Flecken. Die Vorderflügel des **Eichenspinners** (*Lasiocampa quercus*; Fam. Spinner) tragen nur jeweils einen weißen Fleck. △

Öko: Die Grasglucke ist auf Wiesen, in lichten Wäldern und in Parks nicht selten. Der Schmetterling bevorzugt Lebensräume mit feuchten Böden und reichem Grasbewuchs. Die Raupen (180.5) leben auf Gräsern und nehmen manchmal Wassertropfen auf.

Übrigens: Mit bis zu 7,5 Zentimetern Körperlänge sind die Grasglucken relativ große Schmetterlinge; sie werden deshalb auch „Graselefant" genannt. Das Verhalten der Raupen hat ihnen außerdem den Namen „Trinkerin" eingebracht.

K1 E 1 Ü La A < 2 (Mon.)

4 Weidenbohrer

(Cossus cossus) Fam.: Holzbohrer

L 6,5 cm Sp 8 cm Mai – Aug.

Flügel grau bis graubraun mit vielen dunklen Querlinie; Hinterleib dick, dunkel mit weißlicher Ringelung. △

Öko: Den Weidenbohrer findet man in Obstgärten, in Parks und an Waldrändern. Er bevorzugt Weichholzbestände in der Nähe von Bächen und Flüssen. Die Falter fliegen nur in der Nacht. Tagsüber sitzen sie an Baumstämmen, wo sie aufgrund ihrer Tarnfärbung kaum zu entdecken sind. Die jungen Raupen leben zunächst zwischen Rinde und Holz von Weiden, Pappeln oder Obstbäumen. Später bohren sie sich mit ihren starken Beißwerkzeugen tief in das Holz der Bäume ein. Dabei legen sie fingerdicke Gänge an. Sie können dadurch erhebliche wirtschaftliche Schäden anrichten. Die Raupen (181.12) überdauern zwei Winter.

Übrigens: Hölzer, die von den Raupen des Weidenbohrers befallen sind, erkennt man an dem typischen Holzessiggeruch, den diese Tiere ausströmen.

K1 E 2 – 4 Ü La A < 2 (Mon.)

1 Gammaeule

2 Hausmutter

3a Grasglucke △

3b Eichenspinner △

4 Weidenbohrer △

1 Mittlerer Weinschwärmer

(Deilephila elpenor) Fam.: Schwärmer

L 8 cm Sp 7 cm Mai – Juli

Vorder- und Hinterflügel auffallend rosarot (Name!); Beine weiß. △

Öko: Der Mittlere Weinschwärmer fliegt auf Waldlichtungen, in Gärten und auf Ruderalflächen. Er ist in der Dämmerung und in der Nacht aktiv und sucht besonders stark duftende Blüten auf, zum Beispiel die des Geißblatts. Die Raupen (181.11) haben auffallende Augenflecke. Man findet sie vor allem auf Weidenröschen und auf Nachtkerzen. In manchen Jahren erscheint im Spätsommer eine zweite Generation. Weinschwärmer überwintern als braune Mumienpuppen im Boden.

Übrigens: Bei Gefahr zieht die Raupe sich zusammen. Dadurch wird sie dicker und sieht mit ihren Augenflecken etwa wie der Kopf einer Schlange aus (Augenmimikry). Angreifer werden so abgeschreckt.

K1 E 3 – 12 (Mon.) Ü Pu A < 2 (Mon.)

2 Taubenschwänzchen

(Macroglossum stellatarum) Fam.: Schwärmer

L 4,5 cm Sp 5,5 cm Mai – Okt.

Vorderflügel dunkelgrau, mit schwarzen Querlinien; Hinterflügel rostgelb.

Öko: Taubenschwänzchen zählen zu den Nachtschmetterlingen, sind aber tagaktiv. Sie fliegen über sonnigen Wiesen, an staudenreichen Wegrändern, auch in Gärten und an Balkonpflanzen. Man kann die Falter wie Kolibris vor den Blüten schwirren und Nektar saugen sehen. Die Raupen leben an Labkräutern. Taubenschwänzchen, die man im Frühsommer sieht, sind aus Südeuropa eingewandert. Ihre Nachkommen fliegen ab August. Einige von ihnen wandern zurück in den Süden, denn die Art übersteht bei uns den Winter meistens nicht.

Übrigens: Taubenschwänzchen sind gute Flieger. Sie können in zehn Minuten bis zu 200 Blüten besuchen. Am Hinterleib hat der Falter einen beweglichen Fächerschwanz; nach diesem ist er benannt.

K1 E 3 – 12 (Mon.) Ü – A < 3 (Mon.)

3 Federgeistchen

(Pterophorus pentadactyl.) Fam.: Federmott.

L 1,5 cm Sp 3,5 cm Mai – Sept.

Flügel glänzend weiß, mit einzelnen verstreuten schwarzen Schuppen. Vorderflügel in 2, Hinterflügel in 3 Teile aufgespalten; Flügelkanten mit langen Fransen besetzt. Die Flügel erinnern an Federn. △

Öko: Federgeistchen sitzen am Tag zwischen Pflanzen versteckt, fliegen bei Störung aber schnell auf. Hauptflugzeit ist die Dämmerung. Dann kommen die kleinen Falter auch häufig an die Hausbeleuchtung oder gelangen ins Haus. Die Raupen der Federgeistchen leben auf Klee und Zaunwinde, auf Schlehen oder Rosen. Sie überwintern an ihren Futterpflanzen.

Übrigens: Die weiße Färbung und die federartigen, fransigen Flügel der Falter lassen an kleine Gespenster denken. Das hat den Federgeistchen ihren Namen eingetragen. Der Falter wird auch „Schlehengeistchen" genannt.

K1 E < 1 Ü La A 5 (Mon.)

4 Kleidermotte

(Tineola bisselliella) Fam.: Echte Motten

L 1 cm Sp 1,6 cm Jan. – Dez.

Einfarbig, gelblich braun; Hinterflügel silbrig; die Flügel besitzen Fransen und erinnern an Federn. Fühler lang.

Öko: Früher waren Kleidermotten häufige ungebetene Gäste im Kleiderschrank oder in Polstern. Infolge der Bekämpfung sind sie inzwischen seltener geworden. Kleidermotten legen ihre Eier in Textilien aus Wolle, Baumwolle oder Seide, in Pelze, Teppiche und Polster. Die Larven sind sehr gefräßig und können gewaltige Schäden anrichten.

Übrigens: Kleidung und Wäsche lassen sich mit Lavendelsträußchen oder Zedernholz vor dem Befall mit Kleidermotten schützen. Deren Duft soll die Falter vertreiben. Früher hat man die lästigen Eindringlinge in erster Linie mit chemischen Mitteln bekämpft – z. B. mit Mottenkugeln, die man zwischen die Kleidungsstücke legte. Diese sind jedoch giftig!

D E < 4 (Mon.) Ü alle A < 2 (Mon.)

1 Mittlerer Weinschwärmer △

2 Taubenschwänzchen

3 Federgeistchen △

4 Kleidermotte

1 Hufeisen-Azurjungfer

(Coenagrion puella) U. Ord.: Kleinlibellen

L 3,5 cm Sp 4 cm Mai – Aug.

♂ leuchtend hellblau; zweiter Hinterleibsring mit hufeisenförmiger schwarzer Zeichnung (Name!), ♀ gelblich grün bis bräunlich; schwarze Zeichnung auf dem Hinterleib großflächiger als beim ♂. △

Öko: Hufeisen-Azurjungfern sind an Tümpeln, Weihern und Teichen häufig zu beobachten. Seltener findet man sie an größeren Seen oder an Fließgewässern. Sie jagen nach kleinen fliegenden Insekten. Nach dem Paarungsflug kann man oft viele Paare zusammen bei der Eiablage beobachten. Die Eier werden in verschiedene Wasserpflanzen, z. B. in Laichkraut oder in Seerosenblätter, abgelegt. Das Männchen hält dabei das Weibchen; es taucht selbst aber nie unter Wasser. Die Larven überwintern.

Übrigens: Die Hufeisen-Azurjungfer ist eine unserer häufigsten Kleinlibellen. Auch an Gartenteichen kommt sie oft vor.

K2 E < 1 Ü La A < 4 (Mon.)

2 Große Pechlibelle

(Ischnura elegans) U. Ord.: Kleinlibellen

L 3 cm Sp 4 cm Mai – Sept.

Brustabschnitt beim ♂ grünblau; Hinterleib pechschwarz (Name!) mit auffallendem blauen Band am 8. Hinterleibsring. ♀ ebenso oder mit bräunlich oranger Brust. △

Öko: Die Große Pechlibelle bevorzugt stehende und langsam fließende Gewässer. Sie rastet häufig auf Pflanzen am Rand der Gewässer, insbesondere auf Schilf. Auf der Jagd nach kleinen Insekten kann man sie niedrig über die Wasserfläche fliegen sehen. Das Weibchen legt die Eier zu jeweils sechs bis zehn Stück in verschiedene Wasserpflanzen ab. Die Larven (184.4) überwintern.

Übrigens: Im Gegensatz zu anderen Pechlibellenarten wird das Weibchen der Großen Pechlibelle bei der Eiablage nicht vom Männchen begleitet. Die große Pechlibelle zählt zu den häufigsten einheimischen Kleinlibellenarten.

K2 E < 1 Ü La A < 5 (Mon.)

3 Großes Granatauge

(Erythromma najas) U. Ord.: Kleinlibellen

L 3,5 cm Sp 5 cm Juni – Aug.

♂ hellblau mit schwarzer Zeichnung; Augen auffallend leuchtend rot. ♀ gelbgrün,; Augen braun. △

Öko: Das Große Granatauge kommt an größeren Seen, Teichen und Weihern mit dichtem Bestand an Teichrosen, Seerosen, Laichkräutern oder anderen Schwimmblattpflanzen vor. Die Libelle jagt über der offenen Wasserfläche nach kleinen Insekten und kommt nur selten ans Ufer. Bei der Eiablage können die Paare bis zu einem halben Meter tief abtauchen. Mitunter bleiben sie bis zu 40 Minuten unter Wasser. Die Weibchen legen die Eier in die Stängel verschiedener Wasserpflanzen ab; dabei bevorzugen sie die Gelbe Teichrose und die Seerose.

Übrigens: Nach der Eiablage unter Wasser kommt zuerst das Männchen wieder an die Oberfläche, wo es auf das Weibchen wartet. Ist auch dieses wieder aufgetaucht, fliegen die Tiere gemeinsam im Paarungsrad davon. Die leuchtend roten Augen der Männchen haben die Farbe des Granat, eines Schmucksteins. Darauf ist der Name dieser Libellenart zurückzuführen.

K2 E < 1 Ü La A < 3 (Mon.) RLV

4 Gewöhnliche Binsenjungfer

(Lestes sponsa) U. Ord.: Kleinlibellen

L 3,5 cm Sp 4,5 cm Mai – Sept.

♂ metallisch grün; Teile von Brust und Hinterleib hellblau bereift. ♀ kupferfarben. △

Öko: Die Gewöhnliche Binsenjungfer ist häufig an flachen stehenden Gewässern, die dicht von Binsen oder anderen Wasserpflanzen umgeben sind. Auf der Jagd nach kleinen Insekten ist sie auch weit von jeder Wasserfläche entfernt anzutreffen. Die Libelle legt ihre Eier in senkrecht stehende Teile von Sumpf- und Wasserpflanzen. Männchen und Weibchen sitzen bei der Eiablage übereinander.

Übrigens: Der Name weist darauf hin, dass die Libelle ihre Eier oft an Binsen ablegt.

K2 E < 1 Ü Ei A < 3 (Mon.)

1 Hufeisen-Azurjungfer, Paarungskette △

2 Große Pechlibelle, ♂ △

3a Großes Granatauge, ♂ △

3b Großes Granatauge, ♀ △

4 Gewöhnliche Binsenjungfer, Paarungsrad △

1 Gebänderte Prachtlibelle

(Calopteryx splendens) U. Ord.: Kleinlibellen

L 5 cm Sp 7 cm Mai – Aug.

Flügel der ♂ im oberen Bereich blaugrün; Flügel der ♀ durchscheinend grünlich. Die ♂ der **Blauflügel-Prachtlibelle** *(C. virgo)* haben völlig blaugrüne Flügel.

Öko: Die Gebänderte Prachtlibelle kommt an besonnten Fließgewässern mit Röhricht vor. Die Männchen haben einen taumelnden Flug und wirken dann fast wie Schmetterlinge. Sie besitzen Reviere und verteidigen diese in „Schaukämpfen" gegen Artgenossen. Die Weibchen fliegen wenig. Man kann sie auf Uferpflanzen sitzen sehen. Ihre Eier legen sie in die Stängel von Wasserpflanzen.

Übrigens: Die Larven der Prachtlibellen können sich noch in Bächen mit mäßiger Strömungsgeschwindigkeit (bis zu 30 cm/sec) gut entwickeln. Libellenlarven reagieren sehr empfindlich auf Wasserverschmutzung. Dies gilt auch für die Prachtlibellen.

K2 E2 Ü La A<4 (Mon.) RLV

2 Frühe Adonislibelle

(Pyrrhosoma nymphula) U. Ord.: Kleinlibellen

L 3,5 cm Sp 4,5 cm April – Juli

Hinterleib rot; beim ♂ im letzten Drittel mit schwarzer Zeichnung; ♀ mit schwarzer Zeichnung auf dem gesamten Hinterleib. Beine schwarz. △

Öko: Die Frühe Adonislibelle kommt recht häufig an pflanzenreichen stehenden oder fließenden Gewässern vor, wo man sie bei der Jagd nach kleinen Insekten beobachten kann. Die Eiablage erfolgt – knapp unter der Wasseroberfläche – an verschiedenen Röhricht- und Sumpfpflanzen, vor allem an Brennendem Hahnenfuß.

Übrigens: Die Adonislibelle ist wahrscheinlich nach dem Sommer-Adonisröschen benannt, dessen Blüten – ähnlich wie die Libelle – schwarz-rot gefärbt sind. Frühe Adonislibelle heißt das Tier, weil es mitunter bereits im April zu beobachten ist.

K2 E<1 Ü La A<3 (Mon.)

3 Blaugrüne Mosaikjungfer

(Aeschna cyanea) U. Ord.: Großlibellen

L 8 cm Sp 11 cm Juli – Okt.

♂ blau; Brustabschnitt auf der Oberseite mit zwei eiförmigen grünen Flecken; grüne Flecken auf den ersten sieben Hinterleibsringen. ♀ braun, mit grünen Flecken. △

Öko: Die Blaugrüne Mosaikjungfer ist eine der häufigsten Großlibellen. Sie bevorzugt kleinere Gewässer. Oft jagt sie aber auch weitab von jeder Wasserfläche, zum Beispiel in Gärten oder über Waldwegen, nach Insekten. Dabei fliegt sie in einer Höhe von ein bis zwei Metern. Die Weibchen legen die Eier meist oberhalb des Wasserspiegels in lebende oder tote Pflanzenteile. Sie werden dabei nicht von den Männchen begleitet. (Larve s. 184.3)

Übrigens: Die farbige Zeichnung des Hinterleibs der Libelle erinnert an ein Mosaik. Dies hat der Mosaikjungfer ihren Namen eingetragen.

K2/3 E 1 – 2 Ü Ei/La A<2 (Mon.)

4 Große Königslibelle

(Anax imperator) U. Ord.: Großlibellen

L 8 cm Sp 11 cm Mai – Aug.

Hinterleib des ♂ himmelblau mit schwarzem, gezackten Längsband; Brustabschnitt grün. Hinterleib des ♀ blaugrün und braun gezeichnet. △

Öko: Die Große Königslibelle fliegt an pflanzenreichen Tümpeln, Weihern und Seen, ist aber auch weit vom Wasser entfernt zu beobachten. Sie ist ein sehr guter und ausdauernder Flieger. Auch größere Insekten – z. B. Schmetterlinge – erbeutet die Libelle im Flug. Das Weibchen legt die Eier kurz unterhalb der Wasseroberfläche in schwimmende Pflanzenteile.

Übrigens: Die Königlibelle ist die größte unserer Libellenarten. Das Männchen zeigt ein ausgeprägtes Territorialverhalten und verjagt nicht nur Männchen der eigenen Art, sondern auch andere Großlibellen aus seinem Revier. Auf niedrige Temperaturen reagieren Königslibellen mit Farbänderung. Sie sind dann graublau und können so mehr Wärme aufnehmen.

K2/3 E 1 – 2 Ü Ei/La A<3 (Mon.)

1a Gebänderte Prachtlibelle, ♂ / ♀

1b Blauflügel-Prachtlibelle, ♂

2 Frühe Adonislibelle, ♂ / ♀ △

3 Blaugrüne Mosaikjungfer, ♂ △

4 Große Königslibelle, ♂ △

1 Plattbauchlibelle

(Libellula depressa) U. Ord.: Großlibellen

L 4,5 cm Sp 8 cm Mai – Juli

Hinterleib abgeflacht und breit; beim ♂ hellblau, beim ♀ gelb und braun. Flügelgrund mit großen dunklen Flecken. △

Öko: Die Plattbauchlibelle ist in erster Linie an kleinen stehenden Gewässern zu finden, deren Ufer wenig Pflanzenbewuchs aufweisen. Besonders häufig kommen Plattbauchlibellen an Ton-, Lehm- oder Sandgruben vor. Oft sitzen sie am Gewässerrand und lauern dort auf Kleininsekten. Bei der Eiablage fliegt das Weibchen im „Tiefflug" über das Gewässer und tippt immer wieder mit dem Hinterleib ins Wasser. Dabei wirft es jedesmal ein Eipaket ab. Wenn die Tümpel im Sommer austrocknen, fallen die Larven in eine Trockenstarre und können so die ungünstigen Lebensbedingungen überstehen.

Übrigens: Die Plattbauchlibelle gehört zu den ersten Libellenarten, die sich an neu angelegten Garten- oder Schulteichen einfinden.

K2/3 E 1 – 2 Ü La A < 3 (Mon.)

2 Großer Blaupfeil

(Orthetrum cancellatum) U. Ord.: Großlibellen

L 5 cm Sp 9 cm Mai – Aug.

Hinterleib zugespitzt; ♂ hellblau; ♀ gelb bis braun; Flügelgrund ohne dunkle Flecken. △

Öko: Der Große Blaupfeil kommt an Teichen, Weihern, Seen und an langsam fließenden Gewässern mit geringem Pflanzenbewuchs vor. Insbesondere an Kiesgruben ist er anzutreffen. Stark saure Gewässer meidet diese Libellenart. Die Männchen machen in Ufernähe Jagd auf kleine Insekten. Häufig sieht man sie beim Sonnenbad an offenen Stellen auf dem Boden oder auf Steinen sitzen. Die Weibchen legen die Eier im Flug durch Auftupfen mit dem Hinterleib direkt ins Wasser ab. Dabei werden sie von den Männchen begleitet.

Übrigens: Gleich nach dem Schlüpfen starten die jungen Blaupfeile zu einem Flug in große Höhen. Dabei werden sie häufig von Vögeln erbeutet.

K2/3 E 2 – 3 Ü La A < 4 (Mon.)

3 Vierflecklibelle

(Libellula quadrimaculata) U. Ord.: Großlibellen

L 5 cm Sp 8,5 cm Mai – Juli

Vorder- und Hinterflügel mit je 2 schwarzen Flügelmalen am Vorderrand (Name!); Hinterflügel am Grund mit großem dunklen Fleck, in dem gelbe Adern verlaufen.

Öko: Vierflecklibellen kommen an stehenden, pflanzenreichen Gewässern vor. Besonders häufig sind sie in Mooren. Sie können sogar Brackwasser ertragen. Auf einem Pflanzenstängel oder auf einem Ast sitzend kann man sie auf kleine Insekten lauern sehen. Das Weibchen legt Eipakete direkt ins Wasser ab. Dabei tippt es im Flug immer wieder mit dem Hinterleib auf die Wasseroberfläche.

Übrigens: Die Vierflecklibelle gehört zu den Wanderlibellen. Noch zu Anfang des 20. Jahrhunderts konnte man in Norddeutschland große Schwärme beobachten, die viele Kilometer lang waren. Gelegentlich erreichten diese sogar die Insel Helgoland.

K2/3 E 2 Ü La A < 3 (Mon.)

4 Gewöhnliche Heidelibelle

(Sympetrum vulgatum) U. Ord.: Großlibellen

L 4 cm Sp 6,5 cm Juli – Okt.

♂ mit leuchtend hellrotem Hinterleib; Beine schwarz mit gelben Streifen an der Außenseite; Brustabschnitt dunkelbraun mit hellen Streifen. Hinterleib der ♀ gelb oder dunkelbraun; bei älteren ♀ oft mit roten Stellen. △

Öko: Die Gewöhnliche Heidelibelle lebt an pflanzenreichen Gewässern aller Art. Alle Heidelibellen sind Arten des Hochsommers, bei günstigem Wetter können Paarung und Eiablage aber bis Ende Oktober stattfinden. Die Eier werden im Flug einzeln über der offenen Wasserfläche oder am Ufer abgelegt. Das Männchen ist an der Eiablage beteiligt: Auf dem Weibchen sitzend veranlasst es dieses mit ruckartigen Bewegungen seines Hinterleibes jeweils ein Ei abzugeben.

Übrigens: Heidelibellen fliegen etwa zur Zeit der Heideblüte. Daher rührt ihr Name.

K2/3 E 1 Ü La A < 4 (Mon.)

1a Plattbauchlibelle, ♂ △

1b Plattbauchlibelle, ♀ △

2a Großer Blaupfeil, ♂ △

2b Großer Blaupfeil, ♀ △

3 Vierflecklibelle

4a Gewöhnliche Heidelibelle, ♂ △

4b Gewöhnliche Heidelibelle, ♀ △

1 Gewöhnliche Eintagsfliege

(Ephemera vulgata) Ord.: Eintagsfliegen

L 2 cm April – Sept.

Flügel grau beschuppt und durchscheinend, mit braunen Flecken. Hinterende mit 3 sehr langen Schwanzfäden. Die ähnliche **Dänische Eintagsfliege** *(Ephemera danica)* hat einen helleren Hinterleib. △

Öko: Die Gewöhnliche Eintagsfliege lebt an stehenden und fließenden Gewässern. An warmen Sommerabenden tanzen die Männchen in großen Schwärmen über dem Wasser. Die voll entwickelten Insekten leben nach der letzten Häutung nur wenige Stunden (Name!) und nehmen keine Nahrung auf. Nach der Begattung lässt das Weibchen die Eier im Flug auf die Wasseroberfläche fallen. Die Larven benötigen für ihre Entwicklung zwei Jahre. Sie leben von organischem Abfall und von Algen. (vgl. 184.5)

Übrigens: Die Verwandlung der Eintagsfliegen ist unvollständig. Aus dem letzten Larvenstadium *(Nymphe)* schlüpft ein geflügeltes Insekt, das sich sofort oder nach kurzer Zeit noch einmal häutet *(Subimago)*. Dieser Vorgang ist einmalig unter den Insekten.

– ;K1/D E 2 Ü La A < 1 (Tag)

2 Zweipunkt-Steinfliege

(Perla bipunctata) Ord.: Steinfliegen

L 1,5 cm Mai – Juli

Vorderflügel kleiner als Hinterflügel; Vorderbrust gelblich, mit dunklen Streifen. △

Öko: Zweipunkt-Steinfliegen sitzen häufig in Wassernähe auf Pflanzen oder Steinen. Die Tiere fressen nur etwas Pollen oder nehmen gar keine Nahrung auf. Nach der Paarung am Ufer legt das Weibchen die Eier auf der freien Wasserfläche ab. Dabei taucht es den Hinterleib jeweils kurz ein. Die Larven leben räuberisch in sauberen Fließgewässern. Dicht an Steine gepresst sind sie mit ihrem abgeflachten Körper gut gegen die Strömung gesichert.

Übrigens: Im Flachland ist die kleinere **Aschgraue Steinfliege** *(Nemoura cinerea)* weit verbreitet. (Larve s. 184.7)

K1;2 E 2–3 Ü La A < 3 (Mon.) RL1

3 Florfliege

(Chrysoperla carnea) Ord.: Netzflügler

L 1,2 cm (einschl. Flügel 1,7 cm) Jan. – Dez.

Grünlich oder bräunlich, Augen gold-glänzend („Goldauge"). Flügel schillernd, mit netzartiger Aderung, ohne deutlich erkennbare Längsadern. Flug flatternd. △

Öko: Florfliegen sind in dichter Krautvegetation häufig zu finden. Im Winter kann man sie – oft in großer Anzahl – in Häusern, vor allem auf Dachböden, entdecken. Sie ernähren sich hauptsächlich von Blattläusen. Mit den Kiefern stechen sie ihre Beute an und spritzen einen Verdauungssaft in deren Körper. Innerhalb von Minuten löst sich daraufhin das Innere der Beutetiere auf und kann von den Florfliegen ausgesaugt werden. Zurück bleibt die leere Chitinhülle. Die Weibchen legen lang gestielte Eier an Blättern ab – häufig in der Nähe von Blattlauskolonien, von denen auch die Larven leben.

Übrigens: Florfliegengelege zur biologischen Blattlaus-Bekämpfung kann man im Fachhandel beziehen. (Florfliegen-Larve s. 183.14)

K1;2 E < 1 (Mon.) Ü Im A < 1

4 Ameisenjungfer

(Myrmeleon formicarius) Ord.: Netzflügler

L 3 cm (einschl. Flügel 4,5 cm) Mai – Juli

Lang, schmal, libellenähnlich. Flügel in Ruhestellung dachartig über dem Körper zusammengefaltet. Flug langsam flatternd.

Öko: Ameisenjungfern bevorzugen trockenes, offenes Gelände. Sie sind vorwiegend nachts und in der Dämmerung aktiv. Ihre Larven (Ameisenlöwe; 183.15) bauen im Sand Fangtrichter, an deren Grund sie auf Beute warten (Lauerjäger). Gerät ein Kleintier – zum Beispiel eine Ameise – in diesen Trichter, rutscht es zur Mitte hin ab. Mit ihren großen, kräftigen Kiefern tötet die Larve das Beutetier und frisst es auf.

Übrigens: Die voll entwickelten, geschlechtsreifen Tiere *(Imagines)* werden „Ameisenjungfer", die Larven „Ameisenlöwe" genannt. Die verwandte **Gefleckte Ameisenjungfer** *(Euroleon nostras)* hat gefleckte Flügel.

K2/3 E 2–3 Ü La A < 3 (Mon.) RLV

1 Gewöhnliche Eintagsfliege △

2a Zweipunkt-Steinfliege △

2b Aschgraue Steinfliege △

3 Florfliege △

4a Ameisenjungfer

4b Gefleckte Ameisenjungfer

1 Schlammfliegen

(Sialis spec.) Ord.: Schlammfliegen

L 1,5 cm (einschl. Flügel 2 cm) Mai – Aug.

Flügel in Ruhestellung dachförmig angeordnet, dicht geadert; Adern am Flügelrand nicht auffällig gegabelt; Vorderflügel gefleckt. Fühler fadenförmig und halb so lang wie der Körper. △

Öko: Schlammfliegen sind am Ufer von Bächen, Teichen und Tümpeln zu finden. Besonders in Frühjahr und Frühsommer sieht man sie in Wassernähe auf Pflanzen sitzen. Nach der Paarung im Frühjahr legen die Weibchen Eipakete an aus dem Wasser ragenden Pflanzenstängeln ab. Mit dem Regen werden die frisch geschlüpften Larven (184.6) ins Gewässer gespült. Sie tragen an den Hinterleibssegmenten Atemanhänge *(Tracheenkiemen)* und leben räuberisch von Würmern und Insektenlarven. Während die jungen Schlammfliegen-Larven zwischen Wasserpflanzen jagen, ziehen sich die älteren in den Gewässerboden zurück. Sie überdauern zwei Winter und verpuppen sich dann an Land in lockerer Erde.

Übrigens: Männchen und Weibchen verständigen sich mit Vibrationssignalen, die sie durch Auf- und Abschwingen des Hinterleibs hervorbringen.

– /K1;2/3 E 2 Ü La A < 1

2 Große Köcherfliege

(Phryganea grandis) Ord.: Köcherfliegen

L 2,5 cm Mai – Aug.

Fühler sehr lang, im Sitzen nach vorne gerichtet. Körper bräunlich. Flügel etwas beschuppt (ähnlich Nachtschmetterlingen); in Ruhestellung dachförmig über den Hinterleib gelegt. ♀ mit schwarzem Strich auf den Vorderflügeln. △

Öko: Die Große Köcherfliege lebt an stehenden und langsam fließenden Gewässern. Bei Paarungsflug und Eiablage kann man die Tiere in typischer Weise über die Wasseroberfläche tänzeln sehen. Die Larven sind nur im Kopfbereich mit einem kräftigen Chitinpanzer geschützt. Der Hinterleib bleibt weich und ist in einem Köcher verborgen, den die Larve aus Stängelstückchen von Wasserpflanzen zusammengesetzt hat (s. 185.15/li.). Zur Atmung dienen büschelige Ausstülpungen am Hinterleib, die so genannten Tracheenkiemen.

Übrigens: Ausgewachsene Köcherfliegen leben selten länger als eine Woche. Häufiger als diese findet man ihre Larven. Besonders in Fließgewässern kommen zahlreiche Arten vor: Allein in Deutschland sind es 130, von denen allerdings viele wegen schlechter Wasserqualität gefährdet sind. Köcherfliegenlarven haben Spinndrüsen. Aus den an der Unterlippe austretenden Spinnfäden stellen sie Fangnetze oder Wohngespinste her. Auch beim Bau der Köcher werden Spinnfäden eingesetzt. Je nach Art können die Köcher aus verschiedenen Materialien bestehen: zum Beispiel aus Pflanzenteilen, aus Sandkörnern oder Steinchen, oder aus kleinen Schneckengehäusen. Es gibt aber auch frei lebende Köcherfliegenlarven (s. 185.14).

K1/ – ;1/2/3 E < 1 Ü La A < 1 (Mon.)

3 Gewöhnliche Skorpionsfliege

(Panorpa communis) Ord.: Schnabelhafte

L 1,5 cm April – Sept.

Kopf schnabelartig nach unten ausgezogen; Flügel schmal, durchsichtig, mit dunklen Flecken. ♂ mit stachelartiger Greifzange am Hinterende. △

Öko: Skorpionsfliegen sind Bewohner des dichten krautigen Pflanzenbewuchses an Waldrändern und in Gärten. Sie fressen geschwächte und tote Insekten, außerdem Früchte und die Ausscheidungen von Blattläusen. Bei der Paarung umfasst das Männchen das Weibchen mit der Greifzange am Hinterleib. Die Eier werden in festen Eipaketen in die oberste Bodenschicht abgelegt. Die Larven der Skorpionsfliegen haben acht Bauch- und drei Brustbeinpaare. Dies unterscheidet sie von Schmetterlingsraupen.

Übrigens: Der Ursprung des Namens der Skorpionsfliegen ist offenkundig: Form und Haltung des Hinterleibs der Männchen erinnern an Skorpione. Den flügellosen **Winterhaft** *(Boreus hyemalis)* kann man an sonnigen Tagen auf Schneeflächen beobachten. Man nennt ihn deshalb auch „Schneefloh".

K1/2/D E < 1 Ü La A < 3 (Mon.)

1 Schlammfliege △

2 Große Köcherfliege △

3a Gewöhnliche Skorpionsfliege, ♂/♀ △

3b Winterhaft

1 Schmeißfliege

(Calliphora vomitoria) Fam.: Schmeißfliegen

L 1,4 cm Jan. – Dez.

Körper dunkel, dicht behaart; Hinterleib blau schillernd. △

Öko: Schmeißfliegen treten häufig in menschlichen Behausungen auf. Mit ihrem verbreiterten Saugrüssel tupfen sie Flüssigkeiten auf. Fisch-, Fleisch- und Aasgeruch lockt sie an und veranlasst sie zur Eiablage.

Übrigens: Die beinlosen Schmeißfliegen-Maden werden in besonderen Fällen zur Wundbehandlung eingesetzt: Abgestorbenes Gewebe fressen sie auf und die Wunde kann heilen. **Goldfliegen** *(Lucilia spec.)* schillern blau bis smaragdgrün. Der Körper der **Grauen Fleischfliege** (*Sarcophaga carnaria*; Fam. Fleischfliegen) trägt ein Muster heller Flecken.

D E < 5 (Mon.) Ü Im A < 1 (Mon.)

2 Stubenfliege

(Musca domestica) Fam.: Stubenfliegen

L 1 cm Jan. – Dez.

Augen groß; beim ♂ stoßen sie auf der Stirn aneinander. Hinterleib seitlich mit zwei hellen Flecken. Flügel mit am Ende scharf abgeknickter vierter Längsader. Der **Wadenstecher** *(Stomoxys calcitrans)* hat einen deutlich nach vorne gerichteten Stechrüssel. Die **Kleine Stubenfliege** *(Fannia canicularia)* unterscheidet sich durch ihre geringere Körpergröße. △

Öko: Stubenfliegen sind häufige Bewohner menschlicher Siedlungen. Sie treten insbesondere in Viehställen und an Abfallhaufen auf, können aber auch in Wohnungen zu Plagegeistern werden. Sie entwickeln sich rasch und können bei uns innerhalb eines Jahres sechs bis acht Generationen hervorbringen. Da Stubenfliegen Nahrungsmittel ebenso aufsuchen wie Aas oder Exkremente, können sie Krankheiten übertragen. Im Gefolge des Menschen haben sie sich über die ganze Erde verbreitet.

Übrigens: Stubenfliegen gelten seit alters her als „Tiere des Satans“: Der Teufel ist auch der „Herr der Fliegen“. (Fliegenlarve s. 182.4)

D E < 1 (Mon.) Ü Im A < 2 (Mon.)

3 Rinderbremse

(Tabanus bovinus) Fam.: Bremsen

L 2,5 cm April – Sept.

Brustseiten mit deutlichen Längsstreifen; Hinterleib breit und geringelt. Komplexaugen groß und grünlich-rötlich schillernd. △

Öko: Die männlichen Rinderbremsen saugen Nektar. Die Weibchen dagegen benötigen eine Blutmahlzeit, bevor ihre Eier ausreifen können. Der Stechrüssel ist wie bei allen Blut saugenden Bremsen kurz und stiftförmig. Mit diesem Rüssel bohren sie Löcher in die Haut und verletzen dabei kleine Blutgefäße. Die Larven (185.11) entwickeln sich im feuchten Boden und im Uferschlamm. Sie ernähren sich von den Larven anderer Insekten. Trotz Bekämpfungsmaßnahmen und dem Rückgang der für die Vermehrung nötigen Kleingewässer kann es immer noch zu Massenauftreten kommen.

Übrigens: Die **Regenbremse** *(Haematopoda pluvialis)* hat gefleckte Flügel, die sie in Ruhe dachförmig anlegt. Ihre Augen sind gebändert. Die Weibchen saugen Blut von warmblütigen Lebewesen. Vor Gewittern sind sie besonders „angriffslustig“.

K1;2/3(P) E < 1 Ü La A < 3 (Mon.)

4 Gewöhnliche Fruchtfliege

(Drosophila melanogaster) Fam.: Fruchtfliegen

L 0,2 cm Juni – Okt. (Jan. – Dez.)

Flügel groß und zart; Augen auffallend rot. △

Öko: Fruchtfliegen treten überall dort auf, wo faulendes oder gärendes Obst oder Treberreste zu finden sind. Besonders häufig sind sie deshalb im Sommer und im Herbst. Bei der Balz führen sie mit Körper und Flügeln Tänzelbewegungen aus. Unter günstigen Temperaturbedingungen dauert die gesamte Entwicklung vom Ei bis zum Vollinsekt nur zwei Wochen.

Übrigens: Fruchtfliegen wurden im Jahre 1907 von dem Genetiker Thomas Hunt Morgan als Versuchstiere eingeführt. Bis heute gewinnen Forscher an ihnen wichtige Erkenntnisse in Genetik und Entwicklungsbiologie.

D E < 1 (Mon.) Ü Im A < 2 (Wo.)

1a Schmeißfliege △

1b Goldfliege

1c Graue Fleischfliege

4 Gewöhnliche Fruchtfliege △

2a Stubenfliege △

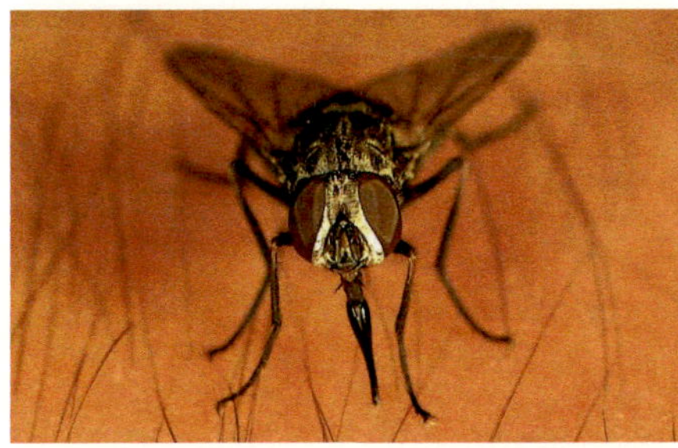

2b Wadenstecher △

3a Rinderbremse/Komplexaugen △

3b Regenbremse △

1 Wollschweber

(Bombylius major) Fam.: Wollschweber

L 1,2 cm März – Mai

Körper sehr kompakt, fast kugelig und pelzig behaart; Rüssel auffallend lang. Flügel im vorderen Teil braun. △

Öko: Im Frühjahr saugen Wollschweber mit ihren langen Rüsseln Nektar. Man kann sie dann, ähnlich wie Kolibris, schwirrend vor den Blüten in der Luft stehen sehen. Dabei strecken sie die beiden vorderen Beinpaare nach vorne, während die Hinterbeine nach oben ragen. Oft sieht man Wollschweber auch in der Sonne auf der Stelle schwirren, wobei sie einen hohen Ton erzeugen. Ihre Eier legen sie im Flug in die Nester von Solitärbienen und -wespen ab. Ihre Larven leben parasitisch von den Larven ihrer „Wirte“.

Übrigens: Da die runden pelzigen Wollschweber an Hummeln erinnern, nennt man sie auch „Hummelschweber“ oder „Hummelfliege“.

K1;P E < 1 Ü La A < 2 (Mon.)

Schwebfliegen

Viele Schwebfliegen-Arten sind gelb-schwarz gezeichnet. Auf den ersten Blick könnte man sie für Bienen oder Wespen halten. Oft stehen sie schwirrend in der Luft (Flügelschlagfrequenz bis 300 Hz!) und wechseln dann plötzlich und blitzschnell den Ort. Die ausgewachsenen Fliegen ernähren sich von Pollen und Nektar.

2 Gewöhnliche Winterschwebfliege

(Episyrphus balteatus) Fam.: Schwebfliegen

L 1 cm März – Nov.

Augen groß. Brustabschnitt unbehaart; metallisch glänzend, vorne mit 3 hellgrauen Längslinien. Hinterleibsansatz („Schildchen“) bräunlich-gelb mit schwarzer Behaarung. Beine schwarz, im mittleren Teil gelb. △

Öko: Die Gewöhnliche Winterschwebfliege ist fast das ganze Jahr über anzutreffen, da die Weibchen überwintern. Man findet sie insbesondere in großer Anzahl auf den Blütenständen von Doldenblütengewächsen. Ihre Larven fressen neben Blattläusen auch Blattwespenlarven.

Übrigens: Die Gewöhnliche Winterschwebfliege bildet große Wanderschwärme. Deshalb kann es im Sommer zu Massenauftreten kommen, insbesondere in Wintergärten. Die **Große Schwebfliege** *(Syrphus ribesii)* hat einen deutlich dickeren Hinterleib mit hellgelben Ringen. Die **Späte Großstirn-Schwebfliege** *(Scaeva pyrastri)* ist weißlich gezeichnet. Sie ist eine typische Sommerart.

K1;2/3 E < 2 (Mon.) Ü Im A < 6 (Mon.)

3 Hummelschwebfliege

(Volucella bombylans) Fam.: Schwebfliegen

L 1,5 cm Mai – Aug.

Körper hummelähnlich behaart. Färbung variabel; Flügel mit brauner Zickzackbinde. Fühler fein gefiedert. △

Öko: Die Hummelschwebfliege besucht verschiedene Pflanzen, wie Disteln, Doldenblütengewächse, Himbeere, Liguster und Weißdorn, um dort Nektar zu saugen.

Übrigens: Die Hummelschwebfliege sieht aus wie eine Hummel *(Hummelmimikry)*. Ihre Eier legt sie in Hummelnester. Dort ernähren sich die Larven von Abfallstoffen, vermutlich auch von Hummellarven.

K1;2 E < 6 (Mon.) Ü La A < 2 (Mon.)

4 Mistbiene

(Eristalis tenax) Fam.: Schwebfliegen

L 1,5 cm März – Nov.

Körper kompakt; Hinterleib mit oft undeutlichen gelben und orangen Flecken. „Gesicht“ in der Mitte mit breitem schwarzem Streifen. Die Art sieht einer Honigbiene ähnlich. △

Öko: Mistbienen sind Blütenbesucher in unterschiedlichsten Lebensräumen. Häufig sind sie in Gärten zu beobachten. Die Weibchen überwintern. Ihre Larven (185.9) leben im Schlamm und in extrem eutrophen Gewässern, selbst in Jauche.

Übrigens: Wegen ihres langen schlauchartigen Atemrohrs bezeichnet man die Larven der Mistbiene auch als „Rattenschwanzlarven“.

K1;1/D E < 5 (Mon.) Ü La A < 2 (Mon.)

1 Wollschweber △

2a Gewöhnliche Winterschwebfliege △

2c Späte Großstirn-Schwebfliege

2b Große Schwebfliege △

3 Hummel-Schwebfliege △

4 Mistbiene △

1 Gewöhnliche Kohlschnake

(Tipula oleracea) Fam.: Kohlschnaken

L 28 mm April – Okt.

Körper sehr schlank. Flügel schmal, farblos, mit brauner Vorderkante und braunem Fleck *(Stigma)*. Beine lang und dünn, sie brechen leicht ab. Vorderste Fühlerglieder ziegelrot. Die ♀ der **Sumpf-Kohlschnake** *(T. paludosa)* haben oft einen rostfarben getönten Hinterleib. △

Öko: Kohlschnaken finden sich häufig zwischen krautigen Pflanzen auf Wiesen und an Waldrändern. Sie ernähren sich von Nektar. Die Weibchen legen ihre Eier mithilfe eines Legebohrers in den feuchten Wiesenboden. Die Larven sind walzenförmig und ohne Füßchen (s. 185.13). Besonders auffallend sind die beiden Atemöffnungen am Hinterende („Aftergesicht"). Die Larven fressen an Wurzeln und können bei massenhaftem Auftreten beträchtliche Schäden auf Wiesen und Weiden anrichten.

Übrigens: Die größte einheimische Kohlschnake ist die **Riesen-Kohlschnake** *(T. maxima)*. Sie hat dunkel gefleckte Flügel. Der Volksmund nennt Kohlschnaken auch „Schneider". Sie können alle nicht stechen.

K1 E < 3 (Mon.) Ü La A < 1 (Mon.)

2 Büschelmücken

(Chaoborus spec.) Fam.: Büschelmücken

L 7 mm März – Nov.

Körper behaart; Flügelränder beschuppt. ♂ mit deutlich gefiederten Fühlern. Büschelmücken sehen Stechmücken ähnlich. △

Öko: Büschelmücken ernähren sich von Nektar. Sie halten sich meistens in Wassernähe auf, wo sie große Schwärme bilden können. Ihre durchsichtigen Larven (s. 185.10) leben im Wasser. Sie ernähren sich räuberisch, z. B. von Wasserflöhen. Vier aus dem Tracheensystem hervorgegangene Gasblasen ermöglichen ihnen das Schweben im Wasser.

Übrigens: Die Larven der Büschelmücke werden auch „Glasstäbchen" oder „Weiße Mückenlarven" genannt. In Aquarienhandlungen kann man sie als Fischfutter erwerben.

K1;2 E 4 (Mon.) Ü La A < 1 (Mon.)

3 Gewöhnliche Stechmücke

(Culex pipiens) Fam.: Stechmücken

L 7 mm Mai – Sept.

Hinterleib braun; vorne hell gebändert. Kopf mit langem Stechrüssel. △

Öko: Stechmücken treten vorwiegend an Stillgewässern auf. Die Männchen ernähren sich von Nektar, die Weibchen saugen Blut. Dazu bohren sie ihre Stechborsten tief in die Haut. Das aufgenommene Blut speichern sie im mittleren Teil des Darmes. Es kann mehr als das Zweifache des Eigengewichtes der Stechmücke ausmachen. Nach der Paarung legen die Weibchen Eipakete auf die Oberfläche verschiedenster Gewässer, selbst von kleinsten Pfützen. Daraus schlüpfen die dunklen Larven („Schwarze Mückenlarven").

Übrigens: Stechmücken warmer Regionen der Erde können verschiedene Krankheiten übertragen. Ein bekanntes Beispiel ist das Wechselfieber *(Malaria)*, das von **Fiebermücken** *(Anopheles spec.)* verbreitet wird.

K1/3(P) E < 2 (Wo.) Ü Ei/La A < 2 (Mon.)

4 Gewöhnliche Kriebelmücke

(Simulium equinum) Fam.: Kriebelmücken

L 4 mm März – Okt.

Körper schwärzlich; klein und gedrungen, in Seitenansicht ausgesprochen buckelig. △

Öko: Kriebelmücken leben an Fließgewässern. Neben Pflanzensäften saugen die Weibchen auch Blut. Ihr giftiger Speichel macht ihre Stiche meist ziemlich schmerzhaft. Bei starkem Befall können Pferde und Rinder an Kreislaufversagen sterben. Die Männchen bilden große Schwärme, die die Weibchen zur Paarung anfliegen. Ihre Eier legen sie im Wasser an Steinen oder Wasserpflanzen ab. Die Larven heften sich mit Spinnfäden und Saugscheiben an der Unterlage fest. Mit Häkchen am Kopf können sie sich, ähnlich wie Spannerraupen, auch fortbewegen. Die Puppen sind pantoffelförmig.

Übrigens: Kriebelmücken-Larven findet man nur in sauberen bis schwach belasteten Fließgewässern (Zeigerorganismen).

K1/3(P);D • E < 3 (Mon.) • Ü Ei/La/Pu • A < 2 (Mon.)

1a Gewöhnliche Kohlschnake △

1b Riesen-Kohlschnake △

2 Büschelmücke, ♂ △

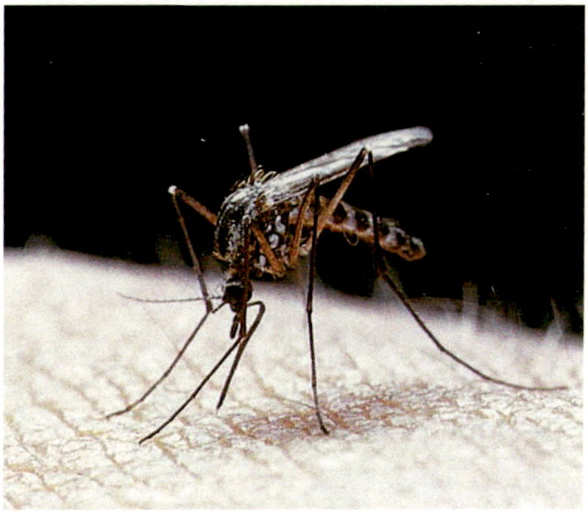

3a Gewöhnliche Stechmücke △

4 Kriebelmücke △

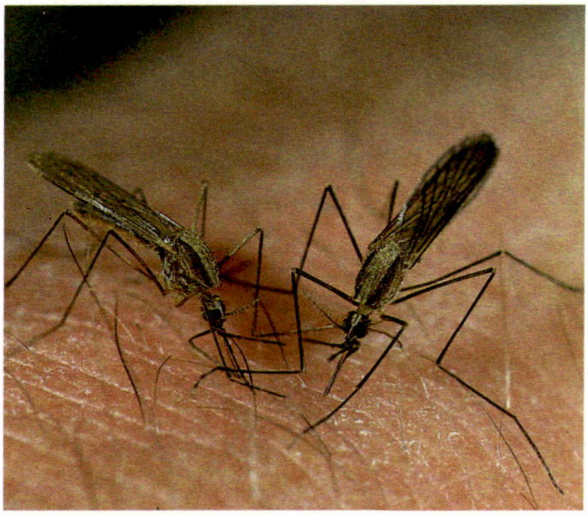

3b Fiebermücken △

1 Zuckmücken

(Chironomidae) Fam.: Zuckmücken

L 8 mm Juli – Sept.

Flügel etwas kürzer als der Hinterleib; in Ruhestellung dachförmig angelegt. Die Vorderbeine sind im Sitzen frei nach vorne gestreckt und werden ständig zuckend bewegt (Name!). Fühler der ♂ büschelig gefiedert. △

Öko: Zuckmücken sind sehr häufig. Sie können riesige Schwärme bilden, die von Weitem wie aufsteigende Rauchschwaden aussehen. Sofort nach der Paarung legen die Weibchen Eipakete ins Wasser ab. Die Larven (s. 185.12) sind in unterschiedlichsten Gewässern zu finden, selbst in Klärteichen, in heißen Quellen und in Salzwasser. Die Larven einiger Arten leben in Röhren mit Fangnetzen, mit denen sie Detritus und Kleinalgen ausfiltern. Die Netze fressen sie, samt ihrem „Fang", nach wenigen Minuten wieder auf und bilden dann neue.

Übrigens: Zuckmückenlarven, die in sauerstoffarmen Gewässern leben, sind oft blutrot gefärbt. Sie enthalten einen dem *Hämoglobin* ähnlichen Blutfarbstoff, mit dessen Hilfe sie Sauerstoff auch noch bei niedrigem Gehalt aus der Umgebung aufnehmen können.

–;K1/D E<1 Ü La A<2 (Wo.)

2 März-Haarmücke

(Bibio marci) Fam.: Haarmücken

L 12 mm März – April

Körper schwarz behaart, relativ gedrungen; im Flug hängen die Beine herab. ♂ mit großen Augen, die auf der Stirn zusammenstoßen. △

Öko: März-Haarmücken treten im Frühjahr oft massenhaft auf. Auch in Gärten sind sie häufig. Die Weibchen sitzen meist im Gebüsch oder in niedriger Vegetation, die Männchen fliegen. Sie ernähren sich von Nektar und Honigtau. Die Weibchen graben sich in den Boden ein und legen dort, in wenigen Zentimetern Tiefe, die Eier in einer Höhlung ab. Die behaarten Larven leben unter Falllaub und in alten Baumstubben.

Übrigens: Die Weibchen der **Garten-Haarmücke** *(B. hortulanus)* sind rötlich braun.

K1/D E<1 Ü La A<1 (Mon.)

3 Gnitzen

(Bezzia spec.) U. Ord.: Mücken

L 4 mm Mai – Okt.

Flügel oft fleckig; in Ruhe flach angelegt. Körper leicht behaart. Fühler der ♂ gefiedert.

Öko: Die Vertreter dieser Mücken-Familie sind in Feuchtbiotopen, vor allem in Gebirgen und nördlichen Regionen (Tundra), oft in riesiger Anzahl zu finden. Sie fliegen vor allem in der Dämmerung. Die Weibchen der meisten Gnitzen-Arten saugen Körpersäfte von Wirbellosen oder Blut von Mensch und Säugetieren. Ihr Stich verursacht ein schmerzhaftes Brennen. Die durchsichtigen Larven entwickeln sich in nassem Sand und Torf sowie im Gewässerboden. Bei der Jagd vor allem nach Zuckmückenlarven bewegen sie sich schlängelnd durch das Gewirr der Wasserpflanzen.

Übrigens: Tropische Gnitzen-Arten können Viruserkrankungen auf Mensch und Haustiere übertragen.

K 2/3(P);D/K2 E<1 Ü La A<2 (Mon.)

4 Schmetterlingsmücken

(Psychodidae) U. Ord.: Mücken

L 1 – 5 mm April – Okt.

Flügel dicht behaart, mit zahlreichen Längsadern; in Ruhe flach oder dachförmig angeordnet. Schmetterlingsmücken erinnern an winzige Motten (Name!).

Öko: Zur Familie der Schmetterlingsmücken gehören die „Abortfliegen" *(Psychoda spec.)*, die häufig in Kläranlagen, Latrinen und an Abwasserrohren auftreten. Andere Arten leben am feuchten Waldboden oder an Gewässerufern. Die Larven der meisten Arten entwickeln sich unter Wasser oder in feuchter Umgebung. Sie ernähren sich von faulenden Stoffen.

Übrigens: Die Blütenstände des Aronstabs verströmen einen Aasgeruch, der auch Schmetterlingsmücken anlockt. Man findet sie regelmäßig in großer Anzahl in den „Kesselfallen". Nach Bestäubung und Befruchtung der weiblichen Aronstab-Blüten werden sie wieder aus der Falle entlassen.

K1;D E<6 (Mon.) Ü lm/La A<1 (Mon.)

1 Zuckmücke △

2a März-Haarmücke, ♂ △

2b Garten-Haarmücke △

3 Gnitze

4 Schmetterlingsmücke

1 Hornisse

(Vespa crabro) Fam.: Faltenwespen

L 2,4/Kö. 3,5 cm Juni – Sept.

Kopfschild ohne dunkle Zeichnung; Brustabschnitt, Hinterleib und Beine schwarz-gelb und rotbraun gezeichnet.

Öko: Hornissen leben vorwiegend in lichten Wäldern, auch im Siedlungsbereich. Auf ihrem Speiseplan stehen neben lebenden Insekten und Raupen auch tote Tiere, Pflanzensäfte und Früchte. Die Königin überwintert und gründet im Frühjahr einen neuen Staat. Baustoff für das Papiernest ist morsches Holz.

Übrigens: Hornissen sind meist weniger aggressiv als andere Wespenarten und ihr Stich ist nicht gefährlicher. Wenn man zum Nest einen Abstand von wenigstens fünf Metern einhält, hat man meist nichts zu befürchten. **Holzwespen** (*Sirex spec.*; Fam. Holzwespen) tragen am Hinterleib einen schmalen Legebohrer. Sie können nicht stechen.

K2/D E 1,5 (Mon.) Ü Kö. A < 4 (Mon.)/Kö. 1

2 Gewöhnliche Wespe

(Vespula vulgaris) Fam.: Faltenwespen

L Arb. 1,4/♂ 1,7/Kö. 1,9 cm April – Nov.

Stirn mit nach unten ankerförmig erweiterter schwarzer Zeichnung. Die ähnliche **Deutsche Wespe** *(V. germanica)* unterscheidet sich vor allem durch die Kopfzeichnung. △

Öko: Im April verlassen die Jungköniginnen ihr Winterquartier. Zwei bis drei Wochen später beginnen sie in dunklen ober- oder unterirdischen Hohlräumen Nester zu gründen. Dazu verarbeiten sie morsches Holz mit Speichel zu „Wespenpapier“. Die geschlüpften Larven werden vor allem mit Teilen erbeuteter Insekten gefüttert. Später im Jahr entstehen aus unbefruchteten Eiern Männchen, die sich im Spätsommer mit jungen Königinnen paaren und dann sterben. Nur die Königinnen überwintern.

Übrigens: Die Papiernester sind gelblich bis rötlich. Andere Faltenwespen-Arten verwenden zum Nestbau oberflächlich grau verwittertes Holz. Ihre Nester sehen daher stets grau aus.

K2/D E 1,5 (Mon.) Ü Kö. A < 6 (Mon.)/Kö. 1

3 Frühlings-Wegwespe

(Anoplius viaticus) Fam.: Wegwespen

L 1,4 cm April – Okt.

Schwarz; erste Hinterleibssegmente mit drei auffallenden rotbraunen Flecken. ♀ mit auffallenden Borsten an den letzten Hinterleibssegmenten; ♂ mit breiterem Hinterleib. △

Öko: Frühlings-Wegwespen kann man im Frühjahr besonders häufig an Doldenblütengewächsen beobachten. Als Futter für die Larven erbeuten sie Wolfsspinnen (S. 101), die sie betäuben und in eine selbstgefertigte etwa zehn Zentimeter tiefe Erdhöhle schleppen. Im Hochsommer schlüpft eine zweite Wegwespen-Generation. Nach der Paarung kann man Weibchen beobachten, die in Sandboden ihre Überwinterungs-Nester graben.

Übrigens: Typisch für die Frühlings-Wegwespen ist ihre Aktivität im zeitigen Frühjahr (Name!). Andere, ähnliche Wegwespen-Arten sind erst ab Mai/Juni zu beobachten.

K1;3 E 2 – 3 (Mon.) Ü befr. ♀ A 1

4 Holzschlupfwespe

(Rhyssa persuasoria) Fam.: Schlupfwespen

L 3,2 cm (mit Legebohrer 6 cm) April – Sept.

Hinterleib mit auffallender weißer Zeichnung. ♀ mit 5 – 6 cm langem Legebohrer. △

Öko: Holzschlupfwespen leben in totholzreichen Wäldern, sind aber auch in Parks und Gärten anzutreffen. Mit ihren Fühlern, die mit chemischen Sinneszellen ausgestattet sind, betasten die Weibchen die Holzoberfläche und orten auf diese Weise tief im Holz lebende Holzwespen-Larven. Haben sie eine solche aufgespürt, richten sie ihren Hinterleib steil auf, biegen den langen Legebohrer nach unten und schieben ihn langsam ins Holz. Trifft der Legebohrer auf die Holzwespen-Larve, legt das Schlupfwespen-Weibchen in diese ein Ei ab. Der gesamte Vorgang dauert nur wenige Minuten.

Übrigens: Die wesentlich kleinere **Kohlraupen-Schlupfwespe** *(Apanteles glomeratus)* legt ihre Eier in die Raupen von Kohlweißlingen.

K1/2;2(P) E 1 – 2 Ü La A < 5 (Mon.)

1a Hornisse

1b Holzwespe, ♀

2a Gewöhnliche Wespe △

2b Deutsche Wespe △

3 Frühlings-Wegwespe △

4a Holzschlupfwespe, ♀ △

4b Kohlraupen-Schlupfwespe △

1 Grüne Blattwespe

(Rhogogaster viridis) Fam.: Echte Blattwespen

L 1,2 cm April – Sept.

Gelbgrün; Kopf und Brust mit dunkler Zeichnung. Keine „Wespentaille". △

Öko: Die Grüne Blattwespe lebt an krautreichen Waldsäumen, an Flussufern und ähnlichen Lebensräumen. Sie jagt andere Insekten, z. B. die Besucher von Doldenblüten.

Übrigens: Blattwespen-Larven (S. 182) sehen oft aus wie Schmetterlingsraupen, haben aber sechs bis neun Afterfußpaare. (Bei den Schmetterlingsraupen sind es höchstens fünf.) Als Schreckstellung bilden sie ein „Fragezeichen". Die Larven der **Gelben Stachelbeer-Blattwespe** *(Nematus ribesii)* fressen an Stachelbeer- und Johannisbeerbüschen und können diese vollständig entlauben. Die **Keulhorn-Blattwespe** (*Trichiosoma tibiale*; Fam. Keulenblattwespen) ist hell behaart. Ihre Larven leben an Weißdorn.

K2/3;1 E < 8 (Mon.) Ü La A < 1 (Mon.)

2 Honigbiene

(Apis mellifera) Fam.: Echte Bienen

L Arb. 1,3/♂ 1,6/Kö. 1,8 cm März – Okt.

Bräunlich, gelbbraun oder rötlich, dicht behaart; Basis der Hinterleibssegmente mit hellen Filzbinden. Königin mit deutlich verlängertem Hinterleib; Drohnen (♂) mit großen, zusammenstoßenden Komplexaugen.

Öko: Infolge der weltweiten Verbreitung der Imkerei sind Honigbienen überall häufig. Sie bilden Staaten mit bis zu 80 000 Tieren. Die Arbeiterinnen sammeln Pollen und Nektar. Durch komplizierte „Bienentänze" teilen sie den Stockgenossinnen die genaue Lage ergiebiger Futterquellen mit. Das ganze Bienenvolk überwintert.

Übrigens: Die Honigbiene ist neben dem Seidenspinner das einzige echte Haustier unter den Insekten. Sticht eine Biene ein Säugetier oder einen Menschen, so bleibt ihr Stachel samt Giftdrüse in dessen Haut stecken. An dieser Verletzung stirbt die Biene.

K1 • E Kö. 16/Arb. 21/♂ 24 (Tg.) • Ü Arb./Kö. • A 1/Kö. 5

3 Mauerbiene

(Osmia rufa) Fam.: Echte Bienen

L 1,2 cm (♂ kleiner) März – Juni

Dunkelbraun mit grünlichem Metallglanz; Stirn mit 2 „Hörnern"; Stirnbehaarung beim ♂ weißlich, beim ♀ schwärzlich. △

Öko: Nach der Paarung im Frühjahr suchen die Weibchen, z. B.an offenen Wegböschungen oder in Kiesgruben, nach geeigneten Nistplätzen. In röhrenförmigen Hohlräumen von bis zu einem Zentimeter Durchmesser legen sie Brutkammern an. Dazu kleiden sie zunächst das Ende der Röhre mit Lehm aus, den sie mit Speichel geschmeidig gemacht haben. In diese erste Brutkammer tragen sie Pollen ein. Ist sie nach zehn bis fünfzehn Sammelflügen etwa zur Hälfte gefüllt, wird ein Ei hineingelegt. Dann wird die Kammer mit einer Lehmwand verschlossen und eine nächste angebaut. Auf diese Weise entstehen mehr als zehn Brutkammern hintereinander. In die vorderen Kammern legen die Weibchen unbefruchtete Eier, aus denen sich Männchen entwickeln. Diese schlüpfen zuerst.

Übrigens: Für Mauerbienen kann man leicht Bruthilfen schaffen (s. S. 199). Bei der **Sandbiene** *(Andrena fulva)* sind die Weibchen rostbraun, die Männchen ähneln der Mauerbiene.

K1 E < 1 Ü befr. ♀ A < 1

4 Blattschneiderbiene

(Megachile centuncularis) Fam.: Echte Bienen

L 1 cm Mai – Aug.

Honigbienen ähnlich; Bauchbehaarung der ♀ hellorange. △

Öko: Blattschneiderbienen schneiden rundliche Stücke aus den Blättern von Rosengewächsen und kleiden damit Löcher und Spalten im Holz aus. In diese Kammern tragen sie Pollen ein, legen jeweils ein Ei darauf und verschließen die Kammern mit Blattstückchen.

Übrigens: Nicht selten findet man Büsche, deren Blätter fast alle die typischen Schnittspuren zeigen, denn Blattschneiderbienen holen sich ihr Nistmaterial oft von nur einer Pflanze.

K1 E < 1 (Mon.) Ü befr. ♀ A < 1

1a Grüne Blattwespe △

1b Gelbe Blattwespe

2 Honigbiene

4 Blattschneiderbiene, ♀ △

1c Keulhorn-Blattwespe

3a Mauerbienen bei der Paarung △

3b Sandbiene, ♀

1 Dunkle Erdhummel

(Bombus terrestris) Fam.: Echte Bienen

L 1,7 /Kö. 2,3 cm März – Okt.

Grundfarbe schwarz; vorderster Brustabschnitt und zweites Hinterleibssegment mit orangem Ring; Hinterleibsende weiß. Die **Helle Erdhummel** *(B. lucorum)* hat auf Brust und Hinterleib je einen zitronengelben Streifen; Hinterleibsende weiß. △

Öko: Erdhummeln kommen in offenen Lebensräumen aller Art vor. Sie sind in Mitteleuropa fast überall häufig. Meistens nisten sie unterirdisch, besonders in verlassenen Mäuselöchern. Zu einem Volk können bis zu 600 Tiere gehören. Alle Hummeln sind durch kräftigen Körperbau und sehr dichte, pelzige Behaarung gekennzeichnet. Im Gegensatz zu den Honigbienen bilden sie einjährige Kolonien. Nur die befruchteten Weibchen überwintern.

Übrigens: Die Größe der Arbeiterinnen hängt stark vom Futterangebot für die Larven ab. Die ersten Arbeiterinnen im Frühjahr sind klein. Später im Jahr schlüpfen größere Tiere, und wenn im Spätsommer die Nektarquellen nach und nach versiegen, wieder kleinere.

K1 E < 1 (Mon.) Ü Kö. A ♂ 1/Arb. 3 (Mon.)/Kö. 1

2 Steinhummel

(Bombus lapidarius) Fam.: Echte Bienen

L 1,6/Kö. 2,2 cm März – Okt.

Schwarz; Hinterleibsende leuchtend rostrot, ♂ zusätzlich mit gelber Binde auf dem vordersten Brustabschnitt. △

Öko: Steinhummeln lieben offenes Gelände. In Gärten, auf Wiesen und an Waldrändern sind sie häufig. Sie bauen ihre Nester, die sie mit einer geschlossenen Wachsschicht umgeben, in ober- und unterirdischen Hohlräumen. Man findet sie in Bauten kleiner Säugetiere, in Nistkästen und sogar auf Dachböden.

Übrigens: Steinhummel-Völker werden in Obstplantagen und in Gewächshäusern als Bestäuber eingesetzt. Sie sind im Gegensatz zu anderen Hummelarten gelegentlich aggressiv und können sehr schmerzhafte Stiche zufügen.

K1 E < 1 (Mon.) Ü Kö. A ♂ 1/Arb. 3 (Mon.)/Kö. 1

3 Gartenhummel

(Bombus hortorum) Fam.: Echte Bienen

L 1,6/Kö. 2,2 cm April – Okt.

Schwarz, mit gelbem „Kragen“ und „Gürtel“; Hinterende weiß.

Öko: Gartenhummeln leben als Kulturfolger in unterschiedlichen Lebensräumen. Ihre Nester bauen sie sowohl in unterirdische als auch in oberirdische Hohlräume, in Mäusenestern, Vogelnistkästen, Ställen, Scheunen und auf Dachböden.

Übrigens: Die Gartenhummel ist eine der wenigen Hummelarten, bei denen es innerhalb eines Jahres zu einer zweiten Generation kommen kann. Befruchtete Jungköniginnen bauen dann noch im gleichen Jahr ein Nest und gründen eine neue Kolonie.

K1 E < 1 (Mon.) Ü Kö. A ♂ 1/Arb. 3 (Mon.)/Kö. 1

4 Ackerhummel

(Bombus pascuorum) Fam.: Echte Bienen

L 1,5/Kö. 1,8 cm April – Okt.

Brust gelbrot behaart; die vier vorderen Hinterleibssegmente dunkelgrau mit hellen Haaren an den Rändern; Hinterleibsende gelbrot. △

Öko: Ackerhummeln sind auf blütenreichen, nicht zu hoch bewachsenen Wiesen und Brachflächen häufig. Die Königinnen kann man in niedrigem Suchflug, z. B. an Waldrändern, beobachten. Hat eine Königin ein geeignetes Erdloch gefunden, kleidet sie dieses mit Moos oder Gras aus, das sie mit Wachs verklebt. In die so vorbereitete Brutkammer baut sie einen Wachsnapf, füllt ihn mit Pollen und legt fünf bis 15 Eier darauf. Seitlich an den Napf werden Wachstaschen angebracht, die die Königin ebenfalls mit Pollen füllt und verschließt. Die Larven fressen sich nach und nach seitlich durch die Wachswände hindurch in diese Taschen hinein. Ein zweiter Napf wird mit Nektar gefüllt, der als Nahrungsreserve dient.

Übrigens: Ackerhummeln kann man bis in den Spätherbst hinein beobachten. In Norddeutschland sind sie meist dunkler gefärbt als in Süddeutschland.

K1 E < 1 (Mon.) Ü Kö. A ♂ 1/Arb. 3 (Mon.)/Kö. 1

1 Dunkle Erdhummel △

2 Steinhummel △

3 Gartenhummel △

4 Ackerhummel △

1 Rote Waldameise

(Formica rufa) Fam.: Schuppenameisen

L Arb. 0,9; ♂/Kö. 1,1 cm April – Okt.

Schwarzrot; Kopfunterseite und Oberseite der Brust mit einzelnen langen Haaren. △

Öko: Die Rote Waldameise legt ihre Nester zumeist an windgeschützten sonnigen Stellen am Waldrand an. Der „Ameisenhügel", der vor allem aus Fichtennadeln besteht, kann über einen Meter hoch werden. Er stellt aber nur etwa die Hälfte des gesamten Bauwerkes dar; der Nestteil unter der Erde ist etwa genauso groß. Im Winter befindet sich das ganze Volk dicht gedrängt unter der Erdoberfläche. Rote Waldameisen ernähren sich vor allem von Insekten. Sie können Beutetiere überwältigen, die deutlich größer sind als sie selbst. Gegen Feinde wehren sie sich durch Bisse mit ihren kräftigen Kiefern. Aus Giftdrüsen spritzen sie ein ameisensäurehaltiges Sekret in die Wunde.

Übrigens: Um einen neuen Ameisenstaat zu gründen dringt eine begattete Jungkönigin der Roten Waldameise in ein Nest der etwas kleineren **Braunroten Waldameise** *(F. fusca)* ein, tötet deren Königin und lässt von den Arbeiterinnen ihre erste Brut aufziehen. Die **Kleine Waldameise** *(F. polyctena)* ist weniger behaart. Ihre Nester sind oft über Ameisenstraßen verbunden.

K2/3•E < 2 (Mon.)•Ü Kö./Arb.•A ♂1/Arb. 6/Kö. 20•RLV

2 Holz-Rossameise

(Camponotus ligniperda) Fam.: Schuppenam.

L ♂ 1,2/Arb. 1,4/Kö. 1,8 cm April – Okt.

Größte mitteleuropäische Ameisenart; schwarz glänzend; Hinterleib mit einzeln stehenden langen, hellen Haaren.

Öko: Die Nester der Holz-Rossameise findet man in Totholz oder am Boden unter Steinen. Sie ernährt sich vorwiegend von Blattlaus-Ausscheidungen. Die geflügelten Geschlechtstiere schwärmen im Frühjahr und Frühsommer.

Übrigens: Der Körper der **Herkules-Rossameise** *(C. herculeanus)* glänzt weniger. Sie kann ihre Nester in lebendem Holz anlegen.

K1/D E < 2 (Mon.) Ü Kö./Arb. A < 1/Kö. > 1

3 Schwarzgraue Wegameise

(Lasius niger) Fam.: Schuppenameisen

L 0,5/Kö. 0,9 cm April – Okt.

Körper dicht silbrig behaart, dazwischen einzelne längere Haare. △

Öko: Die Schwarzgraue Wegameise ist die häufigste mitteleuropäische Ameisenart. Ihre Nester legt sie meist in der Erde, unter Steinen oder unter Baumrinde an. Sie ernährt sich in erster Linie von den Ausscheidungen von Blatt- und Wurzelläusen („Honigtau"). Zur Schwärmzeit im Hochsommer steigen in den Nachmittagsstunden oft riesige Schwärme geflügelter Geschlechtstiere aus den Nestern empor. Die befruchteten Jungköniginnen werfen bald darauf die Flügel ab und gründen ein neues Volk.

Übrigens: Nicht selten dringen Schwarzgraue Wegameisen auch in Gebäude, insbesondere in Wintergärten ein. Die **Gelbe Wegameise** *(L. flavus)* kommt vor allem auf Magerwiesen vor, wo sie zahlreiche bis zu 50 Zentimeter hohe Hügel bildet.

K1/D•E < 2 (Mon.)•Ü Kö./Arb.•A ♂3 (Mon.)/Arb. 1/Kö. > 1

4 Rotgelbe Knotenameise

(Myrmica rubra) Fam.: Knotenameisen

L ♂ 0,5/Arb. 0,6/Kö. 0,7 cm April – Okt.

Hinterleibsstiel zweigliedrig; Arbeiterinnen und Königinnen mit Giftstachel. Puppen nicht in einen Kokon eingehüllt. △

Öko: Unter Steinplatten und in lockerer Gartenerde sind die Nester der Rotgelben Knotenameise nicht selten. Die Tiere sind Allesfresser. Paarungsschwärme können von Juli bis Oktober auftreten.

Übrigens: Der Stich der Rotgelben Knotenameise kann auch für den Menschen unangenehm sein. Andere Knotenameisen-Arten leben mit Bläulings-Raupen (S. 147) in Symbiose. Die Raupen produzieren in besonderen Nektardrüsen Futtersaft für die Ameisen, während die Ameisen sie vor Fressfeinden und Parasiten (Schlupfwespen) schützen. Die winzige Pharaoameise *(Monomorium pharaonis)* ist ein lästiger Neubürger in geheizten Wohnungen.

K1/2/D E < 2 (Mon.) Ü Kö./Arb. A < 1/Kö. > 1

1 Rote Waldameise △

2 Holz-Rossameise

3a Schwarzgraue Wegameise; Arbeiterin △

geflügelte Tiere

Königin bei der Eiablage

3b Gelbe Wegameise △

4 Knotenameise △

1 Ligusterschwärmer, Raupe/Puppe

2 Raupe der Kohleule

3 Großer Kohlweißling (S. 144), Raupen/Puppe

4 Rapsweißlings-Raupe (vgl. S. 144)

5 Grasglucke (S. 150), Raupe und Puppe

6 Kleiner Fuchs (S. 140), Raupen/Puppe

7 Tagpfauenauge (S. 140), Raupen/Puppe

8 Schlehenspinner, Raupe/Puppe (Kokon)

9 Eichenspanner-Raupe

10 Raupe des Schwammspinners (S. 148)

11 Mittlerer Weinschwärmer (S. 152), Raupe

12 Weidenbohrer-Raupe (vgl. S. 150)

1 Larve der Grünen Blattwespe (S. 174)

2 Larve der Stachelbeerblattwespe (S. 174)

3 Lindenblattwespen-Larven

4 Fliegenmaden/Puppen (s. S. 164)

5 Engerling (Maikäfer; S. 124)

6 „Obstmade“ (Apfelwickler; S. 148)

7 „Mehlwürmer“ (Larven des Mehlkäfers; S. 136)

8 „Drahtwurm“ (Schnellkäfer-Larve; s. S. 134)

9 Larve eines Laufkäfers (vgl. S. 122)

10 Glühwürmchen-Larve (s. S. 132)

11 Larve des Museumskäfers (S. 136)

12 Kartoffelkäfer-Larve (s. S. 126)

13 Marienkäfer (S. 134), Larve (oben) und Puppe

14 Florfliegenlarve (s. S. 160)

Fangtrichter

15 Ameisenlöwe (Larve der Ameisenjungfer; S. 160)

16 Larve der Schaumzikade (S. 114)

1 Larve des Gelbrandkäfers (S. 138) △

2 Furchenschwimmer-Larve (s. S. 138) △

3 Larve der Blaugrünen Mosaikjungfer (S. 156) △

4 Pechlibellen-Larve mit Tracheenkiemenblättchen (s. S. 154)

5 Eintagsfliegen-Larve mit drei Schwanzanhängen (s. S. 160)

6 Schlammfliegen-Larve (s. S. 162)

7 Steinfliegen-Larven haben zwei Schwanzanhänge (s. S. 160)

8 Puppen und Larven der Gewöhnlichen Stechmücke (S. 168) an der Wasseroberfläche △

9 „Rattenschwanzlarve" der Mistbiene (S. 166)

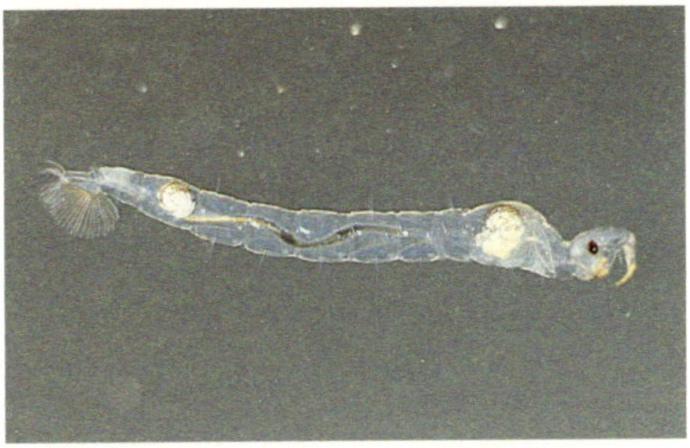

10 Büschelmücken-Larve (s. S. 168)

11 Larve der Rinderbremse (S. 164) △

12 Rote Zuckmücken-Larve/Puppe mit Tracheenkiemenbüschel (s. S. 170)

13 Schnaken-Larve/„Teufelsfratze" (s. S. 168)

14 Köcherfliegen-Larve ohne Köcher

15 Köcherfliegen-Larven mit Köchern aus: Pflanzenteilen/Steinchen/lebenden Schnecken (s. S. 162)

1/2 natürliche Länge:

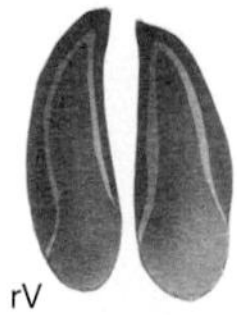

1 Reh (S. 16)

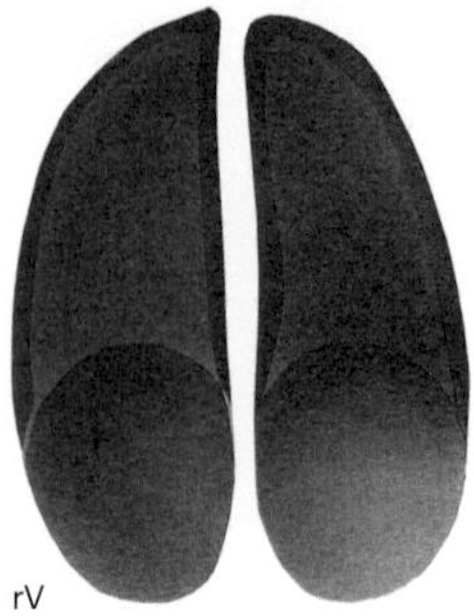

2 Rothirsch (S. 16)

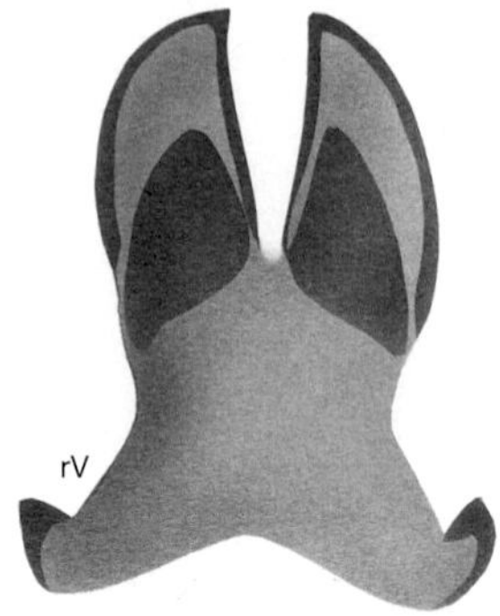

3 Wildschwein (S. 16)

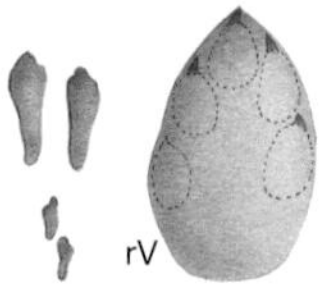

4 Feldhase (S. 22)

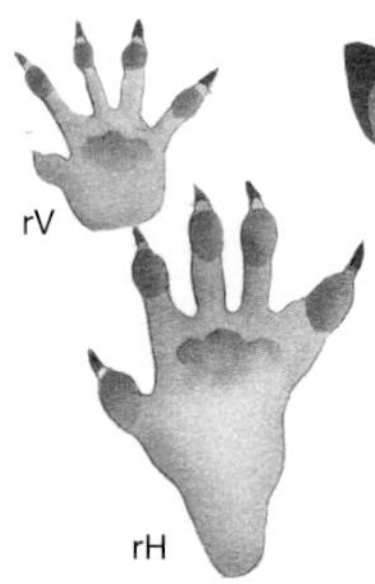

5 Bisam (S. 22)

natürliche Länge:

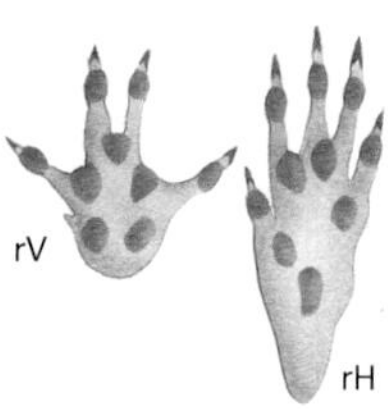

6 Feldwühlmaus/ Rötelwühlmaus (S. 18)

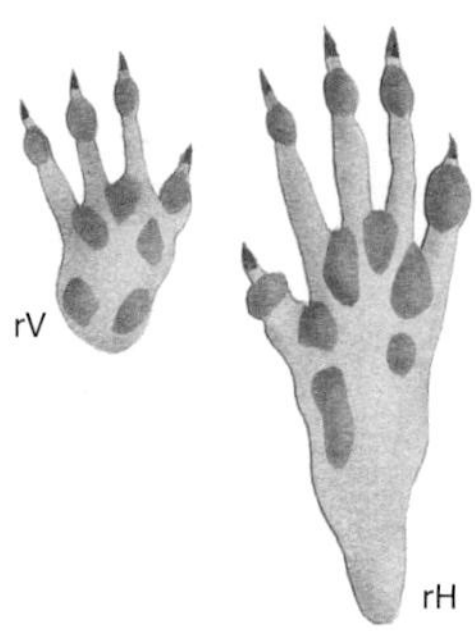

7 Schermaus (S. 18)

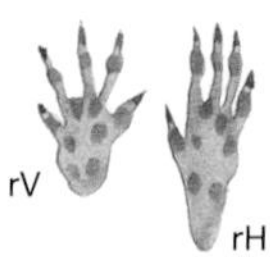

8 Spitzmaus (S. 18)

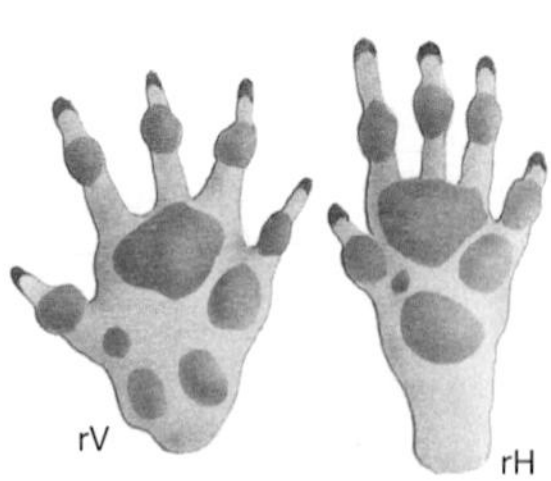

9 Igel (S. 22)

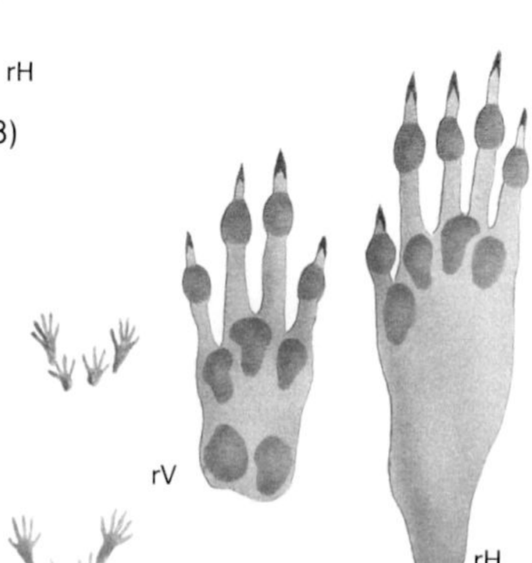

10 Eichhörnchen (S. 22)

natürliche Länge:

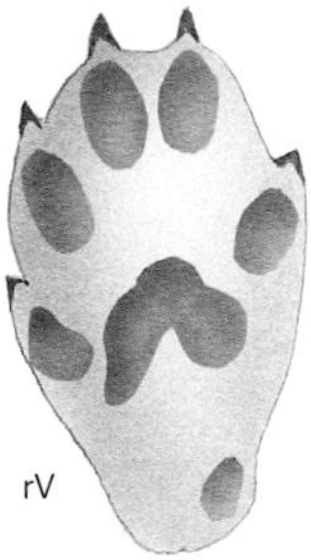

11 Steinmarder (S. 24)

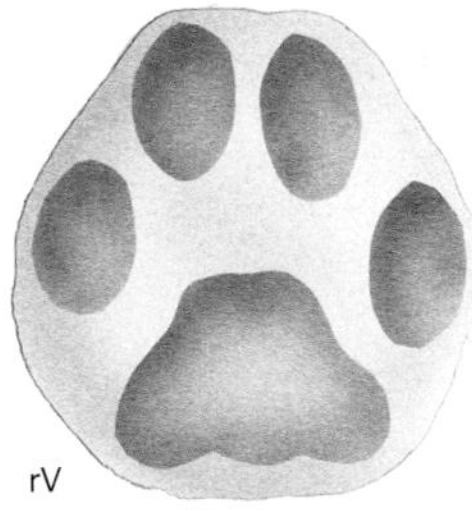

12 Hauskatze

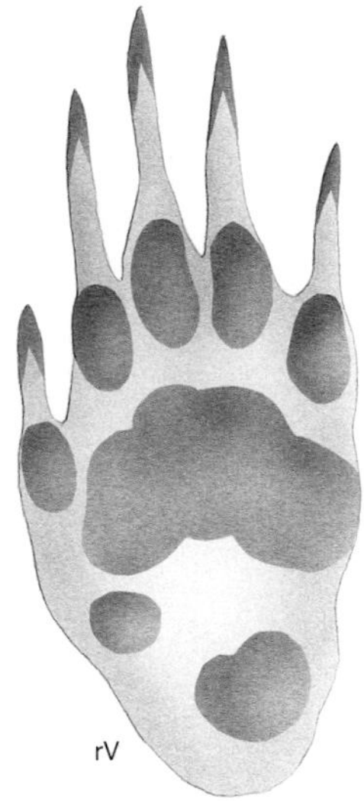

13 Dachs (S. 26)

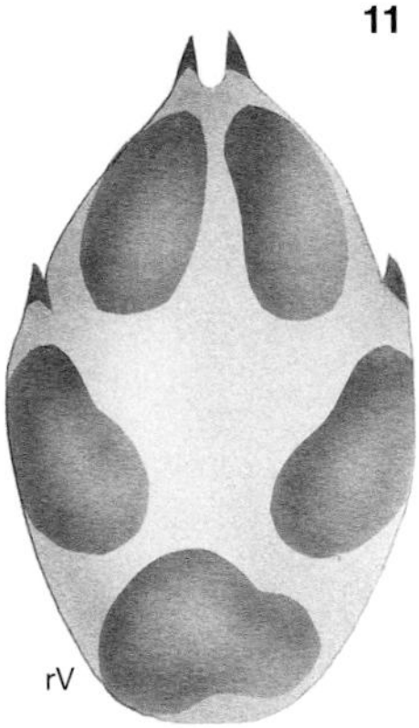

14 Rotfuchs (S. 26)

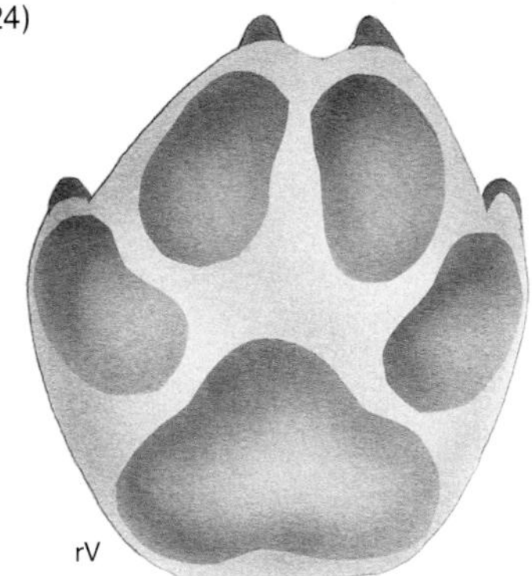

15 Haushund

1/2 natürliche Länge:

16 Sperling (S. 30)

17 Taube (S. 54)

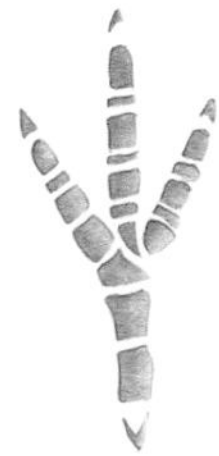

18 Krähe (S. 52)

19 Graureiher (S. 66)

20 Fasan (S. 54)

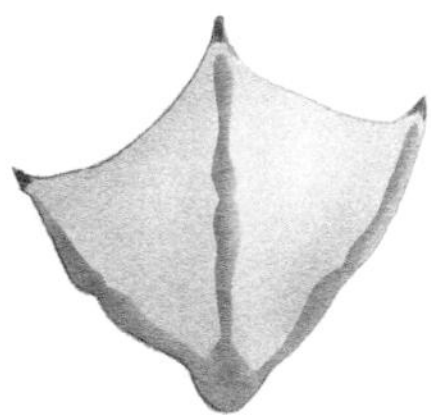

21 Ente (S. 62)

22 Blässralle (S. 60)

Gewölle

1 Krähen (S. 52) (Kleinnager) (Pflanzenreste, Steinchen)

3 Mäusebussard (S. 58)

4 Waldkauz (S. 56)

Losung

5 Rehwild (S. 16)

6 Feldhase (S. 22)

7 Kaninchen (S. 22)

8 Hausmaus (S. 18)

9 Feldwühlmaus (S. 18)

10 Wanderratte (S. 18)

11 Fledermaus (S. 26)

12 Igel (S. 22)

13 Steinmarder (S. 24)

14 Rotfuchs (S. 26)

15 Kohlmeise (S. 40)

16 Amsel (S. 38)

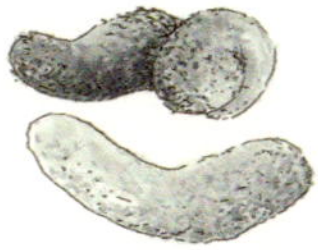

17 Fasan (S. 54)

Fichtenzapfen

1 Mäuse (S. 18)

2 Eichhörnchen (S. 22)

3 Spechte (S. 50)

Kiefernzapfen

4 Mäuse (S. 18)

5 Eichhörnchen (S. 22)

6 Spechte (S. 50)

Haselnüsse

7 Waldmaus

8 Rötelmaus (S. 18)

9 Schermaus (S. 18)

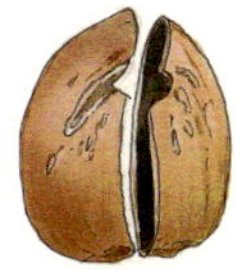

10 Eichhörnchen (S. 22)

11 Larve des Haselnussbohrers (S. 130)

12 Spechte (S. 50)

13 Kohlmeise (S. 40)

14 Kleiber (S. 50)

15 Eichelhäher (S. 52)

16 Elster (S. 52)

Walnüsse

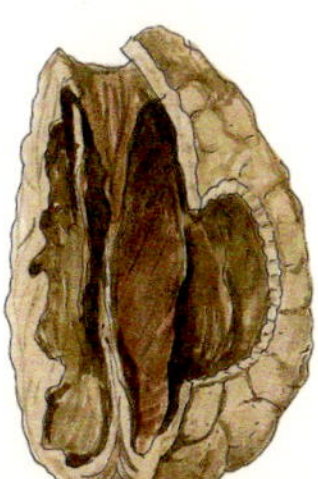

17 Waldmaus

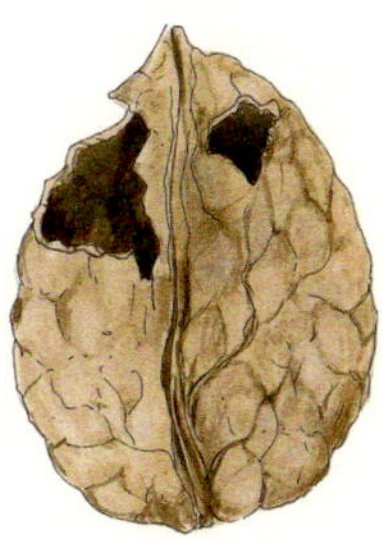

18 Kohlmeise (S. 40)

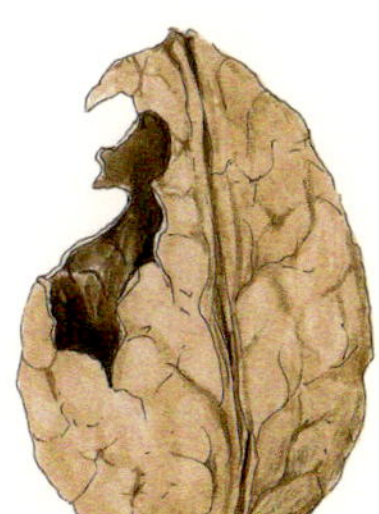

19 Dohle (S. 52)

Holz

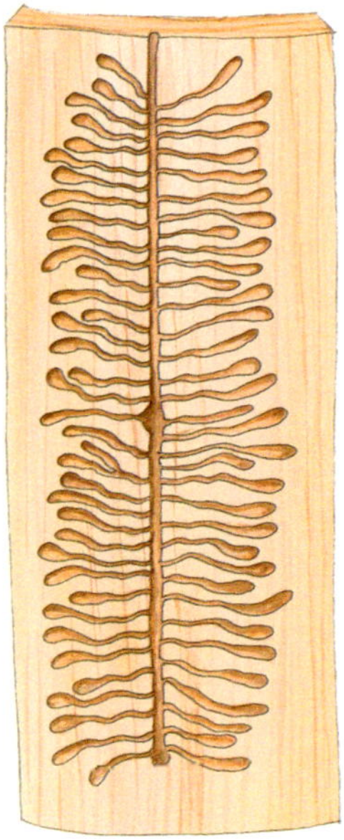

1 Buchdrucker (S.136)

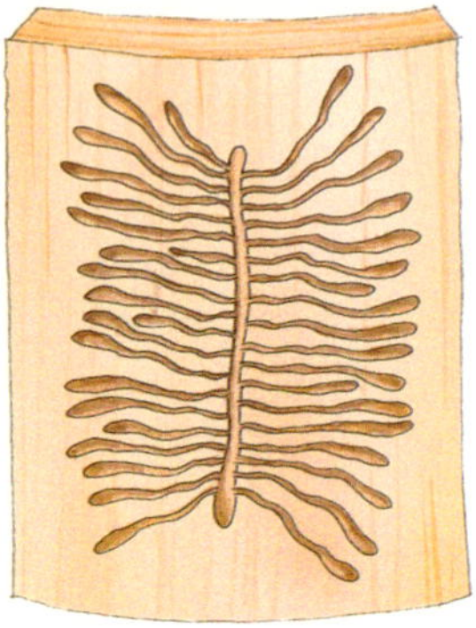

2 Großer Ulmensplintkäfer (S. 136)

3 Kupferstecher (S. 136)

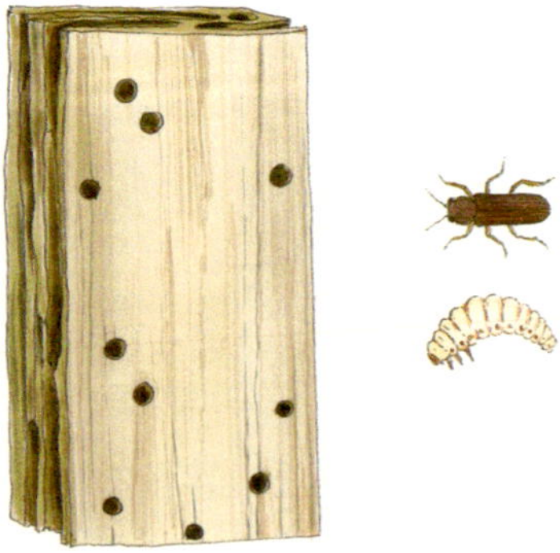

4 „Holzwurm“ (Larve des Klopfkäfers; S. 136)

Blätter

5 Larve des Buchenspringrüsslers (S. 130)

6 Raupe einer Miniermotte

Rupfung

7 Raubtier oder Greifvogel (Beutetier: Krähe)

Pflanzengallen entstehen durch Wucherungen des Pflanzengewebes. Sie können an verschiedensten Pflanzenorganen auftreten – nicht nur an Blättern sind sie zu entdecken, sondern auch an Stängeln, Knospen, Blüten und Wurzeln. Hervorgerufen werden solche Gallen von Pflanzenparasiten aus der Gruppe der Viren, Bakterien, Pilze, Rädertierchen, Fadenwürmer, Milben oder Insekten. Bei Gallwespen und Gallmücken sind die Larven für die Gallenbildung verantwortlich. Bei anderen Insekten und bei den Milben können auch die voll ausgebildeten Tiere Gallen hervorrufen.

Die vielgestaltigen, meist wohlgeformten Gallen gelten als Ergebnis einer Abwehrreaktion der Pflanzen, die auf diese Weise den Parasiten vom übrigen Gewebe abgrenzen. Schneidet man eine der tropfenförmigen Gallen der Buchengallmücke (195.7) auf, kann man darin mitunter die kleine weiße Mückenlarve erkennen. Die enge Kammer aus Pflanzengewebe bietet ihrer Bewohnerin Schutz und Nahrung zugleich.

Gallmilben

1 Beutelgallen auf einem Lindenblatt *(Phytoptus tiliae)*

Blattläuse

2 Blasengallen der Ulmenblattlaus *(Tetraneura ulmi)*

3 „Ananasgallen“ der Fichtengallenlaus *(Sacchiphantes abietis)*

Bohrfliegen

4 Stängelgallen an einer Ackerkratzdistel
(Urophora cardui)

Blattwespen

5 Weidenblatt mit Blattwespen-Gallen
(Pontania proxima)

Gallmücken

6 Gallen am Blütenstand des Rainfarns
(Rhopalomyia tanaceticola)

7 Gallen der Buchengallmücke
(Mikiola fagi)

Gallwespen

8 Eichengallapfel *(Cynips quercusfolia)*

9 Blattgallen an einem Eichenblatt *(Cynips divisa)*

10 Blattgalle (Eichenblatt; *Cynips longiventris*)

11 Schwammgallen an einem Eichenzweig *(Biorhiza pallida)*

12 Gallen verschiedener Linsengallwespen *(Neuroterus spec.)*

13 Eichenknospengallen *(Andricus fecundator)*

14 „Schlafäpfel" der Rosengallwespe *(Diplolepis rosae)*

Pilzbefall

15 Birke mit Hexenbesen *(Taphrina betulina)*

„Blattroller"

16 Birkenblattroller (Trichterwickler; S. 131) legen ihre Eier in eine Blattrolle

17 Blattrolle des Pappelwicklers *(Epinotia aceriana)*, eines Schmetterlings

Artenschutz rund ums Haus

Städte und Dörfer können überraschend vielen Tierarten einen Lebensraum bieten. Im Stadtgebiet von München brüten über 100 verschiedene Vogelarten und in Leipzig hat man 2335 Insektenarten gezählt. Oft lassen sich Tiere mit einfachen Mitteln dauerhaft ansiedeln – sogar in den „Felswüsten" der Großstadt.

1 Zufahrten und Wege müssen nicht komplett versiegelt sein

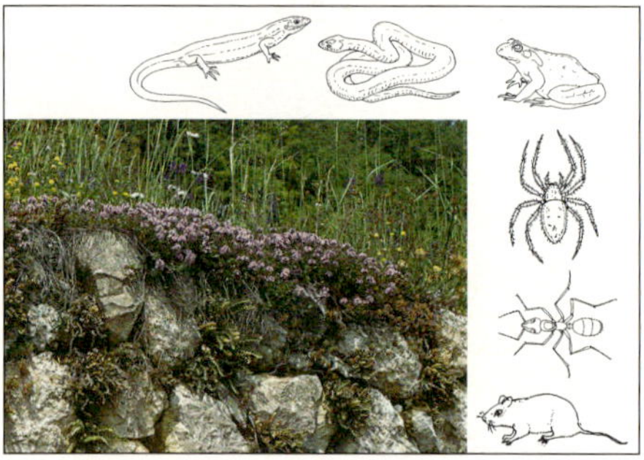

2 Trockenmauern aus Naturstein enthalten Hohlräume

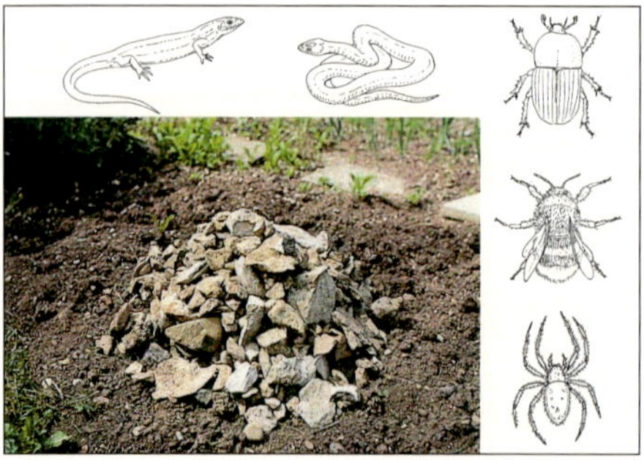

3 Lesesteinhaufen bieten Unterschlupf

4 Hecken aus einheimischen Gehölzen locken nicht nur Vögel an

5 Am Gartenteich siedeln sich rasch Wassertiere an – ganz von selbst

6 Eine blühende „Insel" im Rasen liefert Nahrung für viele Tiere

7 Ein Reisighaufen als Versteck, Nistplatz und Winterquartier

8 Nisthilfen für Wildbienen und Wespen

9 Von Brennnesseln ernähren sich die Raupen vieler Schmetterlinge

10 Eine Wandbegrünung sieht nicht nur schön aus ...

11 Nistkästen gibt es nicht nur für Vögel

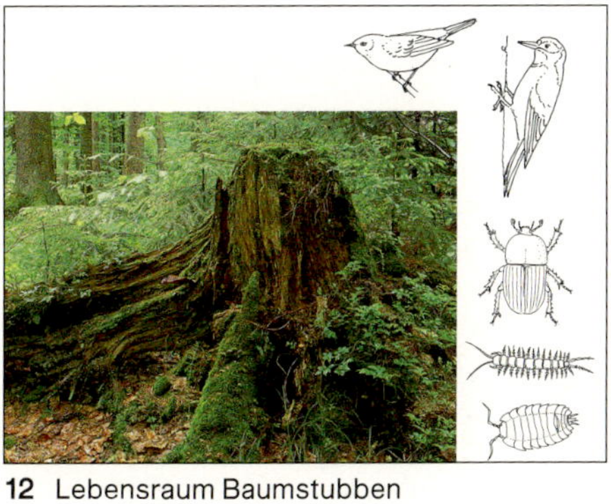

12 Lebensraum Baumstubben

Zeit der Mammuts und Schneehasen

Gegen Ende der letzten Eiszeit, vor etwa 15 000 Jahren, lebte bei uns noch das mit den Elefanten verwandte Mammut. In der baumlosen Tundra mit ihrem ständig gefrorenen Boden konnten nur wenige Pflanzen, wie Gräser und Zwergsträucher, und außerdem Flechten gedeihen. Von dem kärglichen Nahrungsangebot lebten Gänse, Lemminge und Eisfüchse. Alpenschneehuhn und Schneehase waren von Skandinavien bis zu den Alpen verbreitet.

1 Mammut – einst hätte man ihm in den Tundren Deutschlands begegnen können

Nacheiszeit – es wird wieder wärmer

Als die Nacheiszeit mit ihrem wärmeren Klima einsetzte, verdrängten Wälder nach und nach die baumlose Tundra. Schneehühner und Schneehasen zogen sich in die Gebirgsregionen Skandinaviens und der Alpen zurück, wo sie heute noch vorkommen. Mit der Ausbreitung von Eichen- und Buchenwäldern kamen auch Tierarten des Waldes wieder zurück, die einst vor der Kälte der Eiszeit nach Süd- und Südosteuropa „geflüchtet" waren. Dazu zählen zum Beispiel Reh, Eichhörnchen, Rotfuchs, viele Kleinvögel und die Spechte.

Klimaänderungen waren zu dieser Zeit entscheidend für die Verbreitung der Tier- und Pflanzenarten. Eingriffe durch den mit der Natur lebenden Menschen waren damals gering. Noch vor 2000 Jahren gab es nur etwa 200 Millionen Menschen auf der Erde, heute sind es sechs Milliarden!

2 Rehwild – mit den Wäldern kamen auch die Waldtiere wieder zurück

Neue Lebensräume durch Landwirtschaft

Nach dem Übergang vom Jäger und Sammler zum sesshaften Bauern hat der Mensch, insbesondere seit dem Mittelalter, die ursprüngliche Waldlandschaft ganz grundlegend verändert. Großflächige Rodung der Wälder, Ackerbau und Grünlandwirtschaft ließen viele neue Lebensräume entstehen. Vor allem Steppentiere aus Südeuropa, wie Feldhase, Feldhamster, Wachtel, Rebhuhn und Feldlerche, siedelten sich in den „Agrarsteppen" an.

3 Das Rebhuhn, Bewohner der „Agrarsteppen"

Seit Mitte des 20. Jahrhunderts nehmen die Bestände dieser Kulturfolger allerdings wieder stark ab: Viele der Einwanderer stehen inzwischen auf der „Roten Liste" der bei uns vom Aussterben bedrohten Tierarten. Die intensive Landwirtschaft mit Pestizideinsatz, eintönigen Monokulturen und fehlenden Ackerrandstreifen könnte ihnen zum Verhängnis werden.

Fernhandel, Feldzüge und Städtebau
Mit dem beginnenden Fernhandel und im Zuge von Eroberungen wurden auch Tiere eingeschleppt, zum Beispiel der Kornkäfer, ein Vorratsschädling aus dem Mittelmeerraum, Reblaus, Heimchen und Küchenschabe. Die Hausratte, Wirtstier des Pestflohs, kam aus Indien zu uns, und die Mauren brachten das Kaninchen aus Nordwestafrika nach Spanien. In den mittelalterlichen Städten mit ihrer dichten Bebauung und zum Teil hohen Gebäuden, wie Kirchen und Klöstern, entstanden Lebensräume für Vogelarten, die bis dahin in den Felsregionen der Gebirge zu Hause waren. Mauersegler, Mehlschwalbe, Hausrotschwanz und Turmfalke zog es in die „Felslandschaft" der Städte. Manche dieser Arten, zum Beispiel der Mauersegler, sind „Städter" geworden.

4 Unsere Mauersegler brüten heute fast nur noch im Stadtgebiet

Neozoen: „Neubürger" unter den Tieren
Mit dem Ausbau der Schifffahrt begann der Welthandel. Die (Wieder-)Entdeckung Amerikas durch COLUMBUS im Jahre 1492 gilt als symbolischer Beginn dieses neuen Zeitalters. Nun gelangten — teils als „blinde Passagiere", teils gezielt eingeführt — zunehmend auch Wildtiere aus Übersee nach Europa. Alle Tierarten, die seit dem Jahr 1492 eingebürgert oder eingeschleppt wurden und bei uns Fuß fassen konnten, bezeichnet man als „Neubürger" oder *Neozoen*. Diesen stellt man die „Altbürger" oder *Archaeozoen* gegenüber. Das sind die Tierarten, die vor dem Stichjahr 1492 zu uns kamen.

5 Halsbandsittich — ein Neubürger im Stadtpark

Die bekanntesten Neozoen sind Wanderratte (1750, Heimat: Ostasien) und Bisam (1914, Heimat: Nordamerika). Derzeit kennt man über 1300 Neozoen. Die meisten von ihnen sind kleine Süßwasserkrebse, die mit dem Schiffsverkehr eingeschleppt wurden. Besonders erfolgreiche Neozoen aus neuerer Zeit sind Waschbär und Kanadagans. Beide stammen aus Nordamerika. Wohl der bekannteste wirbellose Vertreter der Neozoen ist der Kartoffelkäfer („Colorado-Käfer"; 1936, Heimat: USA). Ob Neozoen die einheimische Tierwelt bedrohen, ist nicht in allen Fällen geklärt. Manche „Neubürger", wie Bisam und Fasan, haben sich problemlos eingegliedert. Der Waschbär aber könnte zur Gefahr für Baumbrüter werden. Allerdings ist er dabei sich zum Kulturfolger zu entwickeln, der sich vor allem aus Mülltonnen ernährt.

Wiedereinbürgerung und Artenschutz
Im 19. Jahrhundert fielen bei uns zahlreiche Tierarten unter anderem der starken Bejagung zum Opfer. Dazu gehören Braunbär, Wolf, Luchs und Biber. Inzwischen bemüht man sich, den Luchs wieder anzusiedeln, beim Biber ist dies bereits geglückt. Durch vielfältige Maßnahmen der Landschaftspflege und durch Ausweisung großer Schutzgebiete versucht man heute, die Folgen der Biotopzerstörung in Teilen wieder rückgängig zu machen. Auch hier haben sich erste Erfolge eingestellt: See-, Fisch- und Steinadler sind inzwischen nicht mehr im Bestand bedroht.

6 Der Luchs wird im Bayrischen Wald und im Harz wieder angesiedelt

Stichwortverzeichnis

Bildnachweis

Angermayer, Holzkirchen: 21.2+3, 23.2 (H. Pfletschinger), 31.2 (R. Schmidt), 39.2, 41.1+3+43.4 (R. Schmidt), 45.5 (Gerhard Wendl), 51.1+3+ 53.7 (R. Schmidt), 55.2 +59.3 (H. Reinhard), 71.5+73.3 (H. Pfletschinger), 73.6, 73.8+ 9+75.4 (H. Pfletschinger), 79.1+6 (H. Reinhard), 79.5+7, 85.5+101.4 (H. Pfletschinger), 101.5, 103.2+ 105.2+ 107.2+109.1+115.2+117.7+119.4+125.2+127.9+ 133.6 (H. Pfletschinger), 137.1, 137.2+145.2 (H. Pfletschinger), 145.3, 145.9, 147.6+149.1 (H. Pfletschinger), 159.4, 159.5 (R. Schmidt), 161.2+165.2 (H. Pfletschinger), 167.4+6, 173.2+5+9+175.1+179.7+182.8+ 199.5 (H. Pfletschinger) • ARDEA London Limited, London: 49.2 (Zdenek Tunka) • Bellmann, Dr. Heiko; Lonsee: U2.7, 81.5+ 8+9, 89.3, 91.6, 93.7, 95.7, 107.4+5, 111.7, 123.4+ 5, 127.3+10, 129.1, 133.3+5, 135.5, 139.3, 143.1 +7+8, 145.7, 147.2+5, 149.2+5+7+8, 151.3+5+6, 153.4+5, 155.3+5, 157.3, 161.1+5+6, 163.2, 169.2+6, 171.1 +6, 181.2, 182.3–5, 184.3+7, 185.1+10 • blickwinkel, Witten: 77.2 (A. Hartl) • Braukmann, Prof. Dr. Ulrich; Witzenhausen: 81.10, 97.1, 185.8 • Corbis, Düsseldorf: 9.1 (Chris Hellier), 39.6 (Tony Hamblin/Frank Lane Picture Agency), 71.4 (Francesc Muntada) • Corel Corporation, Unterschleissheim: 143.3 • Danegger, Manfred; Owingen: 67.1 • EAWAG, Dübendorf: 107.6 (H. Bachmann) • FOCUS, Hamburg: U2.16 (G. I. Bernard), 113.4 (Claude Nuridsany & Marie Perennou/SPL) • Getty Images, München: 63.4 (Neil McIntre), 199.4 (Nancy R. Cohen/Photo) • Greiner & Meyer, Braunschweig: 65.5 (Bender), 87.1 (Greiner), 141.5+165.1+175.3 (Meyer), 180.3 (Harstrick), 182.9+ 198.1 (Meyer) • Harald Lange Naturbild, Bad Lausick: U2.14 • Heitkamp, Prof. Dr. Ulrich; Gleichen-Diemarden: 81.4+6+7, 85.1, 87.2+3+6+7, 89.2 +4, 91.2+3+5, 93.6, 97.2, 115.3, 117.4–6, 119.2, 121.2 +8+9, 139.1+2 +4–6, 157.1+5, 159.2+7, 161.4, 169.3, 173.8, 177.2, 184.2+6+8, 185.2+4–6+9+11 • Höllerer, Conrad; Stuttgart: U1.1+2, 161.3 • IFA, Düsseldorf: 135.7 (Pisarski) • IFA, Ottobrunn: 71.1 (R. Maier) • Karly, München: U1.5 • Kattmann, Prof. Dr. Ulrich; Bad Zwischenahn: 64.1, 87.4, 115.1, 119.1+5, 125.3, 129.4, 137.3, 141.1+3 +4, 143.5, 145.8, 147.3, 149.3, 157.4, 171.2, 175.5, 177.3 +4, 180.9, 181.1+3+7, 182.2, 183.5 +9, 194.3, 195.1+2, 196.1+ 2+5, 197.1+2 • Klett-Archiv, Stuttgart: 198.5+ 199.1 (Silberzahn) • König, Dr. Rudolf; Preetz: 61.2, 83.2, 85.4+ 6–8, 87.5+8+9, 89.5 +7+8, 93.3, 107.8, 113.6, 115.6+ 7, 117.2, 123.7, 127.4 +6–8, 129.3+5–7, 131.2–5, 133.2+7, 135.3+4+6, 137.6, 149.4, 151.1+2 +4, 155.1, 173.4, 175.2, 179.3 • Kremer, Dr. Bruno P.; Wachtberg: U2.13 • Landesmedienzentrum Baden-Württemberg, Stuttgart: 77.5+6 (K. Paysan) • Länge, Dr. Helmut; Stuttgart: 183.4 • Limbrunner, Alfred; Dachau: 17.4, 19.3+ 5+6, 21.4–6, 23.1+4, 25.1+4+6, 27.5+6, 29.4–6, 31.4, 33.1+2+6, 35.2+5 +6, 37.1+3, 39.4, 41.2+4, 43.2, 45.1+2+8, 47.1+2, 49.3, 51.2+4+5, 53.1+3, 55.1+ 4+5, 59.1+4+5, 61.6, 63.2, 67.4+8, 71.7, 73.5, 75.8, 93.1+ 2+5, 97.5+6, 99.3, 105.5, 163.3, 165.9, 167.2, 183.8 • Maier, Gerhard; Senden: 95.8 • Mauritius, Mittenwald: U1.3a, 198.4 • MEV, Augsburg: 17.7 • Miritz, Uwe; Karlsruhe: 184.5 • Müller, Horst-Manfred; Berlin: 53.2, 61.3 • Müller, Prof. Dr. Horst; Dortmund: 37.5, 63.3, 75.2+3+ 5+6, 91.1, 95.5, 101.8, 111.1+2, 145.6, 147.4, 183.7, 196.3 • Naturfotografie Frank Hecker, Panten-Hammer: 27.4 (F. Hecker/E. Mestel), 33.5+35.3 (E. Mestel), 37.4, 45.6, 49.4, 81.1+2 (Dr. F. Sauer), 83.4 +5, 95.9 (Dr. F. Sauer), 97.3+4+7, 99.2+4+5, 101.3, 103.4, 109.2–5+7, 111.5+ 6+8+9, 115.4 +5, 119.6, 123.3+125.1+4+129.2 (Dr. F. Sauer), 133.8 +9, 139.7 (Dr. F. Sauer), 149.6, 163.1+4 +5, 165.3 +5 +7+8, 165.6 (Dr. F. Sauer), 167.1+3+5, 169.1, 169.5 (F. Sauer), 171.3+5, 173.3, 175.7, 179.1+ 4–6 (Dr. F. Sauer), 180.6, 181.5+6+8, 185.3+7 (F. Sauer), 194.1 • Okapia, Berlin: 73.1 (Michel Gunther) • Okapia, Frankfurt: U1.3b (Skip Moody), U1.4 (L. Lenz), U2.10+17 (Peter Parks), 17.1 (H. Reinhard), 17.3 (Rainer Erl), 19.1 (R. Jackmann), 19.2 (T. McHugh), 19.4 (L. Lenz), 23.5 (B. Cavignaux, BIOS), 29.1 (T. Tilford), 35.4 (R. Müller-Rees), 37.2 (H. D. Brandl), 41.5 (Jean-Loup Blanchet), 43.1 (Rudolf Höfels), 45.7 (Jens Kählert), 49.6, 53.6 (M. Danegger), 57.5+59.2 (G. Synatzschke), 63.1 (S. Meyers), 67.3 (H. Reinhard), 67.5 (Sohns), 77.8 (P&T. Leeson), 81.11 (F. Sauer), 81.3 (M.I. Walker), 89.1 (F. Hecker), 95.2 (Andreas Hartl), 95.3 (H. Frei), 99.1 (I. Arndt), 101.1 (K. G. Vock), 101.7 (Christel Siebert), 105.4 (C. M. Bahr), 107.1 (R. Günter), 107.3 (Klaus Moll), 107.7 (M. P. Kage), 109.6 (Klaus Moll), 111.3 (M. P. Kage), 113.1 (U. Groß), 113.3 (Hermann Gehlken), 113.8 (Kent Wood/P. Arnold), 115.8 (Vock), 119.3 (K. G. Vock), 121.1 (H. Schwind), 121.4 (P. Clay), 123.1 (W. Kratz), 123.6 (F. Hecker), 127.5 (Hubert Kranemann), 131.1 (Jef Meul), 137.5 (Barrie E. Watts), 143.4 (Eric Dragesco), 145.1 (H. Reinhard), 155.2 (Ch. Siebert), 155.6 (H. Brehm), 157.2 (B. Roth), 157.6+7 (H. Lutz), 159.1 (R. M.-Rees), 159.3 (H. Lutz), 165.4+ 171.4 (K. G. Vock), 175.6 (Tim Shepherd), 180.2 (B. Roth), 180.4 (Robert Maier), 183.3 (Dr. F. Sauer), 183.6 (Roland Guenter), 184.1 (F. Krahmer), 184.4 (F. Hecker), 197.3 (Fritz Hanneforth), 197.4 (Dieter Hagemann), 201.1 (H. Reinhard) • Picture-Alliance, Frankfurt: 77.7 (Okapia/ Werner Curth) • Pott, Dr. Eckart; Stuttgart: 31.5, 33.4, 39.5, 53.5, 55.3, 61.1+4+5, 64.2–4+6+7, 65.1–4, 67.7, 77.4, 117.3 • Probst, Prof. Dr. Wilfried; Flensburg: 85.2+ 3, 113.7, 173.1, 195.3, 196.4+6, 197.5 • Reinhard-Tierfoto, Heiligkreuzsteinach: U2.3+4+8, 17.2 +5, 23.3, 25.2+ 3+5, 27.1–3, 31.1, 33.3, 35.1, 39.1, 43.3 +5, 45.3, 47.7, 51.6, 55.6, 57.3+4, 59.6+7, 71.3+6, 75.1, 77.1+3+9, 79.2–4, 101.2, 117.1, 127.1, 153.1+2, 177.1, 180.7, 182.7, 183.2, 195.4, 198.2+3, 199.2 • Rollfes, Willi; Vechta: U1.6 • Rüther, Ferdinand; St. Augustin: 141.2 • Saake, Erich; Bochum: 83.1, 95.6 • Schneider, Prof. Dr. Heinz; Landau: 95.1 • Silvestris, Dießen: U2.1 (Giel), U2.2 (Kehrer), U2.5 (H.-G. Arndt), U2.6 (W. Rodich), U2.9 (Roger Wilmshurst), U2.11 (K.-H. Jacobi), U2.15 (F. Hecker), 21.1 (Wolfgang Willner), 29.3, 39.3 (N. Schwirtz), 47.3 (Giel), 49.5 (Gross), 55.7, 57.2 (Arndt), 64.5 (Giel), 65.6 (N. Pelka), 65.7, 75.7 (M. Wendler), 83.3 (F. Hecker), 95.4 (K. Wothe), 101.6 (F. Hecker), 103.1 (F. Hecker), 103.3 (U. Gross), 105.1 (D. Bühler), 105.3 (Nill Dietmar), 111.4 (Hecker), 113.2 (Gross), 117.8 (M. Wendler), 121.5 (F. Hecker), 123.2 (Bruckner), 125.5 (Jacobi), 125.6 (V. Brockhaus), 127.2 (R. Gross), 129.8 (O. Willner), 133.1 (Bruckner), 133.4 (F. Skibbe), 135.1 (D. Bühler), 135.2 (U. Gross), 137.4 (Rohdich Walter), 143.2, 143.6 (V. Brockhaus), 145.4 (F. Hecker), 145.5, 145.10 , 147.1 (Bruckner), 147.7 (F. Skibbe), 153.3 (Rudolf Höfels), 155.4 (F. Hecker), 159.6 (G. Roland), 173.6, 173.7 +175.4 (R. Günter), 179.2 (Gross), 180.1 (K. H. Jakobi), 180.5 (V. Brockhaus), 180.8 (Raimund Cramm), 181.4 (Hans R. Heppner), 182.1 (D. Bühler), 182.6 (Pelka Volker), 183.1 (Wolfgang Willner), 194.2 (H. R. Heppner), 198.6 (J. Lindenburger), 199.3 (De Cuveland), 200.1 (S. Meyers), 200.2 (Wilmshurst), 201.2 (Dr. Brehm) • Trötschel, Paul; Heeslingen: 29.2, 31.3, 45.4, 47.4–6, 49.1+7, 53.4, 57.1, 63.5, 67.2+6 • Wachmann, Ekkehard; Berlin: 121.3+6+7 • Wildlife, Hamburg: 113.5 (R. Nagel) • Wischuf, Tilman; Cleebronn: 71.2+8, 73.2+4 +7, 199.6, 201.3 • ZEFA, Düsseldorf: U2.12 (Kehrer), 169.4 (K. Paysan) • Zeitler, Karl-Heinz; München: 89.6, 91.4, 93.4

Leben in der Hecke